Felix Auerbach

Die Wirkungsgesetze der dynamo-elektrischen Maschinen

Elibron Classics
www.elibron.com

Elibron Classics series.

ISBN 0-543-69486-0 (paperback)
ISBN 0-543-69485-2 (hardcover)

This Elibron Classics Replica Edition is an unabridged facsimile of the edition published in 1887 by Hartleben, Wien etc.

Elektro-technische
BIBLIOTHEK.
XXXVIII. BAND.
Die
Wirkungsgesetze
der
dynamo-elektrischen
Maschinen.
A. Hartleben's Verlag.
WIEN · PEST · LEIPZIG.

Uebersicht der Literatur.

Achard. Note sur l'effet utile des machines électromagnétiques. Arch. de Gen (2) 63, 332 (1878).

Auerbach, F. Magnetische Untersuchungen, erste Abhandlung. Wied. Ann. 11, 353 (1880).

— — Ueber die Schaltung von Batterie-Elementen. Elektr. Zeitschr. Februar 1887.

Ayrton und *Perry.* Electromotors and their government. J. of Soc. of. Tel. Eng. 12, 318 (1883) (vgl. auch *Dietrich*, El. Zeitschr. 1884 p. 434).

— — Experiments with Dynamoelectric Machines. The Electrician 1883, 10. Marz.

Cabanellas. Mesure de la résistance intérieure des machines électriques en marche. Comptes Rendus 90, 1346 (1880) und 94 (9. Januar 1882)

Clausius, R. Zur Theorie der dynamo-elektrischen Maschinen. Wied. Ann. 20, 354 (1883) und El. Z 1883, p. 119, 153, 204.

— — Ueber die von Herrn *Frölich* aufgestellte Theorie der dynamoelektrischen Maschine. El. Z. 1885, p. 414.

— — Klarstellung des Differenzpunktes zwischen Frolich's und meiner Theorie der D. M. El. Z. 1885, p. 515.

Deprez, Marcel. Zahlreiche Abhandlungen in La Lumière él. 1880—86.

Dietrich, W. Messungen an einer Fein'schen D. M. mit und ohne innere Polschuhe. El. Z. 1884, p. 173.

Dorn, E. Die elektrotechnischen Versuche auf der Internat. elektr. Ausstellung in Munchen 1882. Messungen an D. M. El. Z. 1883, p. 407.

Dub, J. Der Elektromagnetismus. Berlin 1861.

Faraday, M. Experimental Researches in Electricity. Philos. Trans. Lond. (1832) 1, 125, 153, und Pogg Ann. 25, 91 (1832).

Frölich, O. Versuche mit D. M. und theoretische Folgerungen aus denselben. El. Z. 1881, p. 134, 170.

— — Ueber die Theorie der D M. etc. El. Z. 1882, p. 69.

— — Ueber Fortschritte in der Theorie der D. M. El Z 1885, p. 128, 139, 227.

— — Ueber die beste Bewickelung der D. M. El. Z. 1885, p 370, 417.

— — Erwiderung auf Clausius. El. Z. 1885, p. 473.

— — Bemerkung, betreffend die Versuche von Weinhold El Z. 1886, p 63.

— — Die dynamo-elektrische Maschine. Berlin 1886.

Gaisberg, S. Frh. v Untersuchungen an D. M. El. Z. 1886, p. 67.

Glaser-De Cew. Die D. M 5. Aufl. Bearb. von F. Auerbach. Wien 1887

Grarier, A. Ueber die Menge des Eisens im Gramme'schen Ringe etc. El. Z. 1885, p. 89.

— — Verbesserungen an D. M. Z. f. El. 1886, p. 121.

Guinand, E. Untersuchungen uber D. M. der Zuricher Telephon-Gesellschaft. El. Z. 1886, p. 409.

Hagenbach, E. Untersuchung der Gramme'schen elektrodynamischen Maschine. Arch. de Gen. 1876 und Pogg. Ann. 158, 599.

Hammerl, H. Studie uber das Verhalten verschieden gewickelter ringformiger Elektromagnete. El. Z. 1885. p. 378. 474 und Z. f. El. 1886, p. 69.

Herwig, H. Ueber die zeitliche Ausbildung der Strome der Gramme'schen D. M. Wied. Ann. 7, 193 (1879).

Hopkinson, S. On electric Lightning. Proc. Inst. Mech. Eng. Lond. 1879, p. 238.

— — Ueber D. M. Cbl. f. El. 1887, p. 3.

Jamin. Recherches sur le Magnétisme. Journ. de Phys. 5, 41. 73 (1876).

Joubert. Sur la loi des machines el.-magn. Comptes Rend. 1880 18. August.

— Sur la Théorie des machines el.-magn Comptes Rend. 1883. 5. Marz.

Isenbeck, A. Untersuchungen uber die Induction im Pacinotti-Gramme'schen Ringe. In.-Diss. Strassburg 1883. und El. Z. 1883, p. 337, 371.

Kapp, G Zahlreiche Abhandlungen in The El u a. Z.

— — Theorie der D M. El Z. 1887, p. 31

Kirchhoff, G. Ueber die Auflosung der Gleichungen fur die lineare Stromverzweigung. Pogg. Ann. 72, 497.

Kittler, E. Handbuch der Elektrotechnik. Bd. I. Stuttgart 1886.

Krieg, M. Ueber neue Formeln fur den El-Magn. etc. El. Z. 1886. p. 102.

— — Ueber Deprez' Theorie der D. M. Cbl. f. El. 1886 p. 307.

Lamont. Handbuch des Magnetismus. Leipzig 1867.

Lenz und *Jacobi.* Ueber die Gesetze der Elektromagnete. Pogg Ann. 47, 225 (1839) und 61, 254 (1844).

Lodge, O. J Scheinbarer Widerstand des Ankers. The El. 1885. 31. Juni

Lorberg. Ueber die Berechnung der in der Masse des Ringes der D. M. inducirten Strome. Wied Ann 30, 389 (1887).

Mascart. Des machines magnéto-électriques etc. Journ. de Phys 6, 203 297 (1877) und 7, 79. 363 (1878)

Maxwell. A Treatise on Electricity and Magnetism. 2. ed Lond. 1881.

Meyer und *Auerbach.* Ueber die Strome der Gramme'schen Maschine. Wied. Ann. 8, 494 (1879) und 9, 676 (1880)

— — Ueber die Theorie der D. M. El. Z. 1886 und Cbl. f. El. 1886.

Müller, J. Ueber die Magnetisirung von Eisenstaben durch den galvanischen Strom. Pogg. Ann. 79, 337 (1850).

— — Ueber den Sattigungspunkt der Elektromagnete. Pogg. Ann. 82, 181 (1851).

— — Magnetisirung des Stahls und des Eisens durch den galvanischen Strom. Pogg. Ann. 85, 157 (1852).

Ohm, G. S. Die galvanische Kette mathematisch bearbeitet. Berlin 1827.

Pechan, J. Dimensionsbestimmung der Bewickelungsdrahte der D. M. Z. f. El. 1884, p. 708.

Peuckert, W. Ueber die Berechnung der Elektromagnete bei Compoundmaschinen. Z. f. El. 1886, p. 50.

Peukert, W. Die mittlere Intensität des magnetischen Feldes bei D. M. in absolutem Masse. Z. f. El. 1886, p. 394
— — Die Gleichung der Nebenschlussmaschine. Z. f. El. 1887, p 2.
Pierre, V. Ueber die Verhältnisse der Widerstände und der Zahl der Drahtwindungen in den Spulen der Compoundmaschinen. Z. f. El. 1884, p. 385, 417.
Poggendorff. Ein Phänomen der Verzweigung elektrischer Ströme Pogg. Ann. 55, 511 (1842).
Richter, E. Versuchsresultate von Siemens und Halske über D. mit constanter Klemmspannung. El. Z. 1883, 161
Robinson. Experimental Researches on the lifting Power of the Electromagnetes. Trans. Ir. Ac. 22 (1), 291. 499 (1855)
Schilling, G. A. Ueber magnetische Schirmwirkung des Eisens. Z. f. El. 1885, p. 357.
Schorch, R. Modell-Verhältnisszahlen der D. M. Cbl. f. El. 1886, p. 544. 594.
Siemens, Werner. Ueber die Umwandlung von Arbeitskraft in elektrische Ströme ohne Anwendung permanenter Magnete. Berl. Mon. Ber. 1867, 17. Januar, und Pogg. Ann 130, 332.
— — Die dynamo-elektrische Maschine. Berl. Mon. Ber 1880, p. 949 und El. Z 1881 p. 89.
Siemens, William. Nebenschlussschaltung. Phil Trans. Lond. 1880 (3), p. 1071.
Sohncke, L. Ueber den grössten Nutzeffect bei der Kraftübertragung (Formel für den Elektromagnetismus). El. Z. 1883, p. 160.
Stefan, J. Ueber magnetische Schirmwirkung des Eisens. Wien Sitz.-Ber. 85 (2) (1882).
Stern, G. Untersuchungen an einer elektrodynamischen Maschine. In.-Diss Hildesheim 1885 und El. Z. 1886, p. 14.
— — Die Frölich'sche Stromcurve. El. Z. 1886, p. 283.
Thompson, Silvanus P. Dynamoelectric Machinery. 2. ed. Lond. 1886.
— — — On the Law of the Electromagnet and the Law of the D. M. Phil Mag. (5) 21.
— — — Further Notes an the Equations of the D. M. The El. 17, Nr. 24.
— — — La loi d'aimantation et son application à la théorie de la M. D. La Lum El. 1886, Nr. 3.

Thomson, W. Der Satz über die ähnlichen Elektromagnete findet sich in d. Abh. v. Joule, Phil. Trans. Lond. 1856 (1) p. 287.

— — Rapport sur les machines Gramme Journ. de Phys. 6, 240 (1877).

— — Ueber die Widerstände, welche man den Theilen der D. M. geben muss. Report of the Brit. Ass. 1881, p. 528 und El. Z. 1882, p. 154.

Uppenborn, F. Kalender für Elektrotechniker. München 1887.

Waltenhofen, A. v. Elektromagnetische Untersuchungen etc. Wien. Sitz.-Ber. 52 (2), p. 87 (1865).

— — Bemerkungen über die Elektromagnete der D. M. Z. f. El. 1884, p. 161.

— — Ueber die Charakteristik von Deprez etc. Cbl. f. El. 1885, p. 35.

— — Beiträge zur Anwendung der Gesetze des Elektromagnetismus für praktische Zwecke Z. f. El. 1886 p. 2.

— — Einige Bemerkungen über die Frölich'sche Theorie der D. M. Z. f. El. 1886, Nr. 10, und El. Z. 1886, p. 468.

Weber, W. Elektrodynamische Massbestimmungen. Leipzig 1846.

Weinhold, A. Die Gleichung der D. M. mit directer und Nebenschluss-Wickelung. El. Z. 1885, p. 516, und 1886, p. 57, 128.

Wheatstone. On the Augmentation of the Power of a Magnete by the Reaction of Currents induced by the Magnete itself. Proc. R. Soc. Lon. 1867, 14. Februar.

Zickler. Ueber die Magnetisirungscurve bei verschiedenen Eisen- und Stahlsorten und eine daraus sich ergebende Methode zur Bestimmung der Härte derselben. Cbl. f. El. 1886, p. 522

I.

Batterieströme.

Es ist eine sehr merkwürdige Thatsache, dass, wiewohl die wissenschaftliche Elektricitätslehre einerseits und die praktische Technik andererseits von hohem Alter sind, die Vereinigung beider, die Elektrotechnik, doch erst der allerjüngsten Zeit ihre Entstehung verdankt. Elektrische Erscheinungen waren schon im Alterthum bekannt, und das Princip der Technik: Arbeitsleistung durch Bewegung, stammt wahrscheinlich schon aus vorgeschichtlicher Zeit. Der vereinigende Gedanke jedoch, aus Bewegung Elektricität zu erzeugen und mit dieser Arbeit zu leisten, hat erst in unserem Jahrhundert entstehen können. Diese Verzögerung erklärt sich aus dem eigenthümlichen Entwickelungsgange, den die Lehre von der Erzeugung der Elektricität genommen hat. Nachdem man nämlich Jahrhunderte lang nur eine Herstellungsweise von Elektricität, die durch Reibung, also durch Bewegung, gekannt hatte, trat vor etwa hundert Jahren die Voltaische Methode hinzu, die zwar den rein wissenschaftlichen Kreis der Elektricitätslehre erweiterte und bereicherte, in praktischer Hinsicht aber zu dem Trugschlusse Veranlassung gab, als ob die Erzeugung des elektrischen Stromes durch galvanische Elemente einfacher und vortheilhafter wäre, als diejenige durch Bewegung. Scheinbar einfacher wohl insofern, als, wenn die Batterie einmal zusammengestellt ist, sie eine gewisse Zeit hindurch von selbst functionirt; aber doch nur scheinbar einfacher, weil in der Technik die ständige Behandlung eines Apparates schliesslich doch nicht verwickelter, ja einfacher ist, als die unregelmässig unterbrochene. Andererseits aber ist der grosse Nachtheil dieser »Selbstthätigkeit der Batteriestrome«, dass dieselbe sich eben darum unserer fortdauernden Beeinflussung, Berechnung und Regulirung gänzlich entzieht.

Ist es hiernach klar, dass fur die Erzeugung technisch brauchbarer elektrischer Strömc die Bewegung die weitaus geeignetste Methode ist, so waren doch die Reibungsströme, also die einzigen damals bekannten, aus Bewegung hervorgegangenen Ströme, theils ihrer geringen Quantität, theils ihrer Inconstanz, theils endlich störender Begleiterscheinungen halber, unfähig, eine Rolle in der Technik zu spielen. Es bedurfte einer neuen Methode, durch Bewegung elektrische Ströme zu erzeugen. Diese Methode ist die magnet-elektrische. Wenn ein geschlossenes Leiterstück in einem Raume, in welchem magnetische Krafte wirken, bewegt wird, so entstehen in demselben im Allgemeinen elektrische Ströme. Um die Gesetze dieser Ströme soll es sich in diesem Buche handeln, insbesondere um die Theorie der Maschinen, deren Wirkung auf derartigen Strömen beruht. Vorher aber soll eine kurze Betrachtung den ihnen gegenüberstehenden galvanischen oder Batterieströmen gewidmet werden, und zwar aus verschiedenen

Grunden, deren hervorragendste die folgenden sind. Erstens sind die galvanischen Ströme, als die thatsächlich einfachsten, am besten geeignet, die allgemeinen, für alle elektrischen Ströme giltigen Gesetze zu veranschaulichen, und dies ist auch wirklich der historische Gang gewesen. Zweitens haben auch diejenigen Gesetze der Batterieströme, welche diesen speciell eigenthümlich sind, und an deren Stelle bei den magnet-elektrischen Strömen andere Gesetze treten, doch manche nicht unwichtige Analogie mit diesen letzteren. Drittens werden die Batteriestrome für die grosse Technik zwar niemals eine Rolle spielen, welche sich mit derjenigen der Maschinenströme würde messen können, aber für einzelne Zwecke, z. B. wenn es sich um seltenen Betrieb, um haufigen Wechsel des Ortes oder um einmalige gelegentliche Arrangements handelt, werden die Batterien immer noch vortreffliche Dienste leisten. Endlich haben sich neuerdings zu den eigentlichen direct durch chemische Vorgange den Strom erzeugenden Batterien die zunachst einer Ladung bedürfenden, dann aber jederzeit zur Stromerzeugung bereiten, sogenannten Secundär-Batterien gesellt, deren Praxis eine noch viel zu junge ist, als dass man aus den bisherigen, freilich wenig günstigen Ergebnissen auch fur die Zukunft negative Schlüsse bezuglich ihrer zu ziehen berechtigt wäre, und für diese Secundär-Batterien gilt der grösste Theil der fur die Primarstrome abgeleiteten Stromgesetze fast unverandert.

Die galvanischen Batterien liefern elektrische Ströme, deren Intensitätsverhaltnisse bekanntlich durch sehr einfache Gesetze und Formeln dargestellt werden.

So unvollkommen nämlich auch für jetzt unsere Einsicht in das Wesen der in der Batterie, also in ihren einzelnen Elementen sich abspielenden Vorgange sein mag, für die quantitativen Verhältnisse des aus ihr hervorgehenden Stromes kommt es nur auf den Werth einer einzigen, der Batterie specifisch eigenthümlichen Grösse an. Diese Grösse heisst ihre elektromotorische Kraft. Ausser von dieser Grösse hängt die Stärke des erzeugten Stromes allerdings noch von den Eigenschaften seines Schliessungskreises ab; aber so mannigfache Verschiedenheiten diese Eigenschaften in dem einen oder dem anderen Falle aufweisen mögen, auch sie kann man, gerade wie die Eigenschaften der Batterie, so bald es sich nur um die entwickelte Stromstärke handelt, in eine einzige Grosse zusammenfassen. Diese Grösse ist der Widerstand des Schliessungskreises. Die Starke eines Batteriestromes hangt also ausschliesslich von zwei Veränderlichen ab, deren eine durch die Natur der Batterie, deren andere durch die Natur des Schliessungskreises bestimmt wird; und eine Complication kann höchstens dadurch hervorgerufen werden, dass die genannten beiden Veränderlichen in gewissem Sinne ineinander übergreifen, insofern nämlich die Batterie, welche die elektromotorische Kraft liefert, doch auch ein Glied des Schliessungskreises bildet, und somit auch auf die zweite Veränderliche, den Widerstand, nicht ohne Einfluss ist. Eine zweite, viel wesentlichere Complication, die aber ein Interesse nur insoweit bietet, als sie für technische Zwecke möglichst auszuschliessen ist, kann durch die Rückwirkung des erzeugten Stromes hervorgerufen werden, und es giebt thatsächlich keinen Batteriestrom, bei welchem diese schädliche Rückwirkung nicht in grösserem oder geringerem Grade stattfände; die Folge hiervon ist, dass die ohnehin schon unvermeidliche allmälige Abnahme der elektromotorischen Kraft in immer rapiderem Masse beschleunigt wird, bis schliesslich die eben für die Praxis so störende Nothwendigkeit eintritt, die Batterie zu erneuern. Die hier erwähnte Erscheinung, die Rückwirkung des erzeugten Stromes auf die erzeugende Kraft ist deshalb von besonderem Interesse, weil sie einen wesentlichen Unterschied zwischen den galvanischen und den magnet-elektrischen Strömen bedingt; bei diesen letzteren kommt die schädliche Seite der Rückwirkung meist gar nicht in Betracht, und speciell bei den dynamo-elektrischen Maschinen spielt dieselbe Rückwirkung, freilich in ganz anderer Weise, eine höchst nützliche Rolle, indem sie bekanntlich die an und für sich winzige elektromotorische Kraft zu gewaltiger Höhe steigert.

Welcher Art die Beziehung zwischen den beiden unabhängigen Veränderlichen und der von ihnen abhängigen Stromstärke sei, lehrt das Ohm'sche Gesetz, d. h. die Formel

$$i = \frac{E}{w}, \qquad (1)$$

in welcher E die elektromotorische Kraft der Batterie, w den Widerstand des gesammten Stromkreises und i die Stromstärke bedeutet. Aus dieser höchst einfachen Formel fliessen alle übrigen, wenn für jede specielle Anordnung die bezüglichen Specialausdrücke für die drei in ihr vorkommenden Grössen ermittelt werden, ohne dass es im Uebrigen wesentlich neuer Annahmen bedürfte. Man hat also, um die Ohm'sche Formel auf bestimmte Fälle anwenden zu können, nur nöthig, zu untersuchen, in welcher Weise die beiden unabhängigen Veränderlichen E und w von den Verhältnissen des Falles abhängen.

Was zunächst die elektromotorische Kraft E betrifft, so ist von vornherein klar, dass dieselbe sich

Fig. 1.

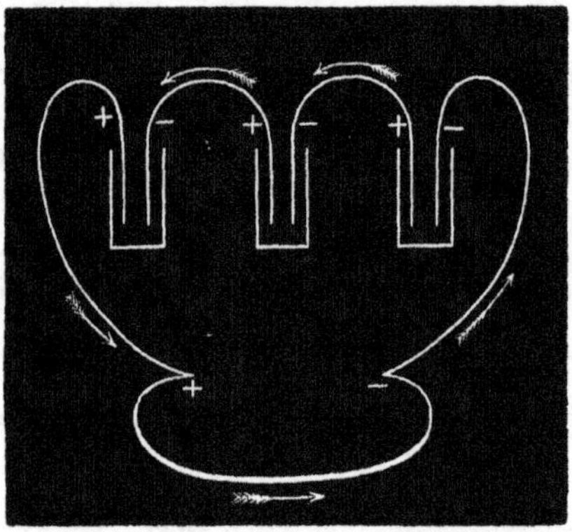

aus der elektromotorischen Kraft der einzelnen Elemente, aus welchen die Batterie besteht, zusammensetzt; aber es frägt sich, nach welchen Gesetzen. Hier müssen wir zwischen zwei verschiedenen Schaltungsmethoden der Elemente unterscheiden, je nachdem dieselben als Kette hintereinander geschaltet sind, so dass der negative Pol des ersten Elementes mit dem positiven des zweiten u. s. f. verbunden ist, oder nebeneinander, so dass alle positiven Pole zu einem grossen positiven

Pol und ebenso alle negativen zu einem grossen negativen Pol vereinigt sind. Im ersten Falle besteht der ganze Stromkreis aus einer einzigen, unverzweigten Leitung, im letzteren ist nur die äussere Strombahn unverzweigt, während der Strom auf dem Wege durch die Batterie sich in so viele Zweige theilt, als Elemente vorhanden sind. Man kann jene Anordnung demgemäss

Fig 2.

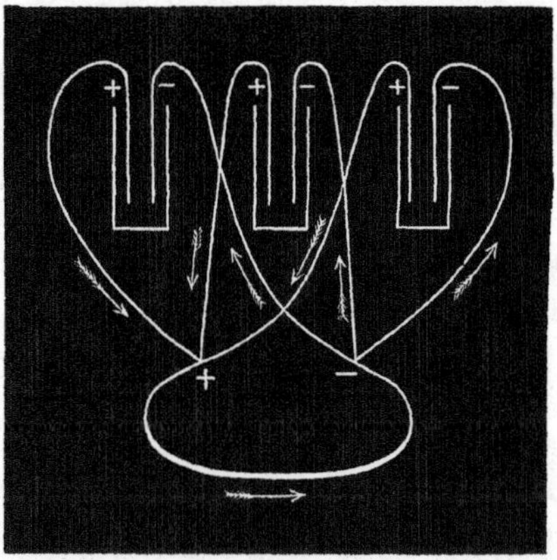

als Hauptschluss-Batterie (Fig. 1), diese als Nebenschluss-Batterie (Fig. 2) bezeichnen, und für jede dieser beiden Gattungen wird die elektromotorische Kraft der Batterie in anderer Weise aus der elektromotorischen Kraft der einzelnen Elemente abzuleiten sein. Für die Hauptschluss-Batterie gilt hierbei als Grundlage die Voraussetzung, dass die elektromotorische Kraft der Batterie gleich der Summe der elektromotorischen Kräfte der Elemente sei, eine Annahme, durch welche eben nur die Definitionen der beiden Begriffe: elektromotorische Kraft der Batterie und elektromotorische Kraft des Elementes -- auf einander bezogen werden; ebenso ist einleuchtend, dass der Widerstand der Batterie gleich der Summe der Widerstände der einzelnen Elemente sein wird. Sind also die einzelnen Elemente einander vollig gleich und ist ihre Anzahl gleich n, so ist, wenn e die elektromotorische Kraft eines einzelnen Elementes, w_o den Widerstand desselben und w_a den Widerstand des ausseren Schliessungskreises bedeutet, das Ohm'sche Gesetz durch die Formel

$$i = \frac{n e}{n w_o + w_a} \qquad (2)$$

ausgedrückt.

Für die Nebenschluss-Batterie andererseits ist zu beachten, dass das durch die Vereinigung aller positiven und aller negativen Pole entstandene grosse Element durchaus keine grössere elektromotorische Kraft besitzt, als ein einzelnes kleines Element, wohl aber einen n-mal kleineren Widerstand, so dass in diesem Falle das Ohm'sche Gesetz die Formel

$$i = \frac{e}{\frac{1}{n} \cdot w_o + w_a}$$

annimmt, wofur man auch

$$i = \frac{n e}{w_o + n w_a} \qquad (3)$$

schreiben kann. Wie man sieht, haben die Formeln (2) und (3) denselben Zähler, während im Nenner dort der n-fache innere mit dem einfachen äusseren, hier dagegen der einfache innere mit dem n-fachen äusseren Widerstande combinirt ist. Demgemäss zeigen beide Formeln übereinstimmend, dass man durch Steigerung der Zahl der Elemente die Stromstärke nicht beliebig steigern kann dass dieselbe vielmehr mit wachsendem n einem Maximalwerthe sich nähert; bei der Hauptschluss-Batterie ist derselbe

$$J = \frac{e}{w_0},$$

bei der Nebenschluss-Batterie hingegen

$$J' = \frac{e}{w_a}.$$

Hiernach eignet sich die erstere für den Fall grossen, die letztere für den Fall kleinen äusseren Widerstandes. Will man jedoch das Problem der Schaltung der Elemente einer Batterie allgemein behandeln, so muss man erwägen, dass die Hauptschluss-Schaltung und die Nebenschluss-Schaltung nur die beiden extremen Specialfälle einer allgemeineren Schaltung sind, bei welcher von den n Elementen immer je k zu einer Nebenschluss-Batterie vereinigt und alsdann $\frac{n}{k}$ solcher Gruppen hinter einander im Hauptschluss geschaltet sind. Es fragt sich alsdann, wie man die Grösse k zu wählen habe, wenn die Grössen e, n, w_0 und w_a gegeben sind.*) Nun ergiebt die Combination der Formeln (2) und (3) für diesen allgemeinen Fall die Gleichung

*) Dass Schaltungen, bei denen für die einzelnen Gruppen die Grösse k verschiedene Werthe hat, ungünstiger sind, als die oben ausschliesslich behandelte gleichförmige, ist mathematisch einleuchtend.

$$i = \frac{\frac{n}{k} e}{\frac{n}{k} \cdot \frac{1}{k} w_o + w_a}$$

oder auch

$$i = \frac{n e}{\frac{n}{k} w_o + k w_a}$$

Den Maximalwerth J findet man bekanntlich, indem man den Differential-Quotienten von i nach k gleich Null setzt, also

$$\frac{n e \left(w_a - n \frac{w_o}{k^2}\right)}{\left(\frac{n}{k} w_o + k w_a\right)^2} = 0,$$

woraus sich

$$k = \sqrt{n \frac{w_o}{w_a}} \qquad (4)$$

und

$$J = \frac{\frac{n}{k} e}{w_a + w_a} = \frac{e}{2} \sqrt{\frac{n}{w_o w_a}}$$

ergiebt. Der erste der Ausdrücke für J zeigt, dass man, um die stärkste Wirkung zu erreichen, den inneren Widerstand gleich dem äusseren machen muss; der zweite lasst erkennen, dass man bei Wahl dieser günstigsten Schaltung das erreichen kann, was die beiden extremen Schaltungen, die Hauptschluss- und die Nebenschluss-Schaltung, zu erreichen nicht gestatteten: man kann J beliebig steigern, wenn man nur n, d. h. die Gesammtzahl der Elemente, in quadratischem Verhältnisse steigert. Eine Schwierigkeit entsteht dadurch, dass k sich aus der Gleichung

(4) im Allgemeinen nicht als ganze, in n aufgehende Zahl ergeben wird; man findet alsdann, dass man zur Erzielung des günstigsten Effectes folgendermassen verfahren muss: man gebe jeder Gruppe so viel Elemente, als die nachstgelegene ganze Zahl angiebt, behalte aber eine genügende Anzahl von Elementen übrig, um die letzte oder letzten Gruppen mit der dem gefundenen Werthe von k wenigstens zweitnachst gelegenen ganzen Zahl bilden zu können.

Beispiele:

1. $e = 1$; $n = 100$; $w_o = 0·5$; $w_a = 3$.

Die Formel (4) ergiebt $k = 4·08$; es ist also zweifellos, dass man 25 Gruppen zu je 4 Elementen zu bilden hat. Die maximale Stromstärke J wird gleich 4·08, wahrend die Hauptschluss-Schaltung nur 1·88, die Nebenschluss-Schaltung gar nur 0·33 ergeben würde.

2. $e = 1$; $n = 100$; $w_o = 0·5$; $w_a = 1$. (Dieses Beispiel unterscheidet sich von dem vorigen nur durch den Werth des äusseren Widerstandes.) Es ergiebt sich $k = 7·07$. Man hat also zunächst eine Anzahl von Gruppen zu je 7 Elementen zu bilden, aber nicht, was ja an sich moglich wäre, 14 solche Gruppen, auch nicht 13, weil dann im ersten Falle für die letzte Gruppe nur 2 Elemente, im anderen Falle aber 9 Elemente übrig blieben — während doch die zweitnachst gelegene ganze Zahl 8 ist. Man muss also 12 Gruppen zu je 7 und 2 Gruppen zu je 8 Elementen bilden.

3. $e = 1$; $n = 100$; $w_o = 0·1$; $w_a = 1$. (Dieser Werth von w_o entspricht etwa einem Bunsen'schen Element von mittlerer Grösse.) Es ergiebt sich $k = 3·16$,

und es sind also 32 Gruppen zu je 3 Elementen, die letzte aber zu 4 Elementen zu bilden.

4. $e = 1$; $n = 20$; $w_o = 0{\cdot}1$; $w_a = 1$. Es ergiebt

Fig. 3.

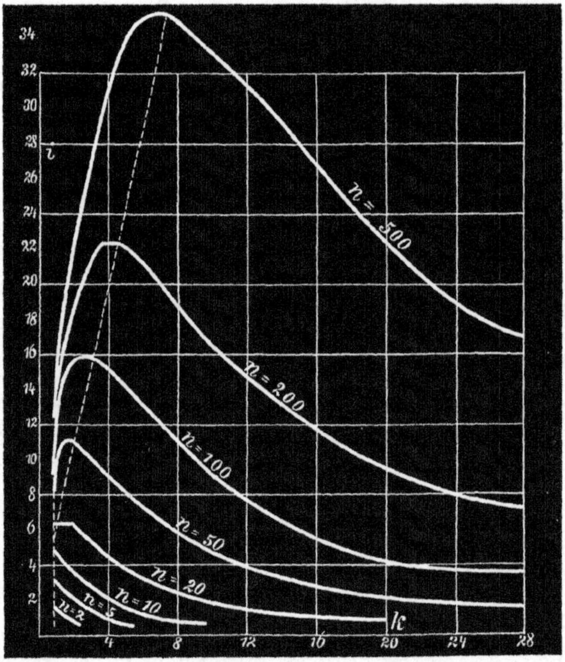

sich $k = 1{\cdot}4$; man thut also am besten, sämmtliche 20 Elemente hintereinander zu schalten.

Wie wichtig es ist, eine gegebene Anzahl von Elementen in der bezeichneten Weise zu schalten, zeigt die graphische Darstellung, welche Fig. 3 giebt. In derselben ist die Stromstarke im ausseren Kreise in einer, ohne weiteres verstandlichen Art als Function der Schaltung der Batterie-Elemente, d. h. der Elementezahl der Gruppen, dargestellt, und zwar für $e = 1$, $w_0 = 0{\cdot}1$, $w_a = 1$ und verschiedene Werthe von n.

Haben wir somit die elektromotorische Kraft E, der Batterie auf diejenige der Elemente e zuruckgeführt, so frägt es sich nun weiter, von welchen Umstanden der Werth der letzteren abhangt. In dieser Beziehung lassen sich jedoch nach dem heutigen Stande unserer Kenntnisse quantitative Gesetze nicht aufstellen. Wir wissen zwar, dass die elektromotorische Kraft eines Elementes in erster Linie von der elektrischen Differenz der in demselben verwandten festen Stoffe, in zweiter Linie von der Natur, namentlich von der Concentration der benutzten Flüssigkeiten, und in dritter Linie von den physikalischen Umständen, z. B. von der Temperatur, abhängt; diese Abhangigkeit lässt sich aber nur empirisch für jeden einzelnen Fall bestimmen. Das ist einerseits ein für die Praxis nachtheiliger Umstand; andererseits erklärt sich aber hieraus die Einfachheit der für Batterieströme giltigen Formeln; diese Einfachheit ist eben nur eine scheinbare; man fuhrt die Grösse e als experimentell gegebene Grösse ein, ohne weiter in ihr Wesen einzudringen. Bei den Maschinen-Strömen kann man dies letztere, wie wir sehen werden, thun; selbstverständlich werden dadurch die Formeln bedeutend complicirter.

Die zweite der, in dem Ohm'schen Gesetze vorkommenden, unabhängigen Veränderlichen ist der Widerstand w. Von diesem weiss man bekanntlich, dass er sich aus dem Widerstande der verschiedenen Theile des Schliessungskreises zusammensetzt, und dass er für jeden derselben proportional der Länge, umgekehrt proportional dem Querschnitt ist, dass er ferner von dem Material des Leiters abhängt und mit der Temperatur bei allen metallischen Leitern nicht unbeträchtlich zunimmt. Alle diese Gesetze gelten für Maschinenströme in gleicher Weise wie für Batterieströme, und für die Construction der betreffenden Maschinen sind sie von fundamentaler Wichtigkeit; die beiden Ersten (Abhängigkeit von Länge und Querschnitt) speciell für die Wickelungsverhältnisse; das Dritte (Abhängigkeit vom Stoff) für die Wahl des Leitungs- und Wickelungsmaterials: Kupfer für diejenigen Theile, welche geringe, Neusilber für diejenigen, welche grossen Widerstand haben sollen; endlich das Letzte (Zunahme des Widerstandes mit der Temperatur) insofern, als Ströme von der Stärke der Maschinenströme die von ihnen durchflossenen Leiter stark erhitzen und sich somit selbst den zu überwindenden Widerstand vergrössern — ein Uebelstand, gegen den man, gleichzeitig auch wegen der Schädlichkeit der Erhitzung an sich, Massregeln wird ergreifen müssen.

Weitere, den Widerstand betreffende Fragen treten auf, wenn in dem Schliessungskreise Verzweigungen vorkommen. Solche Verzweigungen weisen aber die elektrischen Maschinen, auch wenn man von dem äusseren Schliessungskreise ganz absieht, schon in sich selbst vermöge der Schaltung ihrer verschiedenen Theile auf. Die Grundlage aller Formeln für derartige Fälle bilden die beiden Kirchhoff'schen Gesetze:

1. Wenn in einem Punkte mehrere Ströme zusammentreffen, so ist die algebraische Summe aller Stromstarken in demselben gleich Null.

2. In einem geschlossenen Stromkreise ist die algebraische Summe aller in ihm enthaltenen elektromotorischen Kräfte gleich der algebraischen Summe der Producte aus den Stromstärken der einzelnen Theile in ihre betreffenden Widerstände.

Fig. 4.

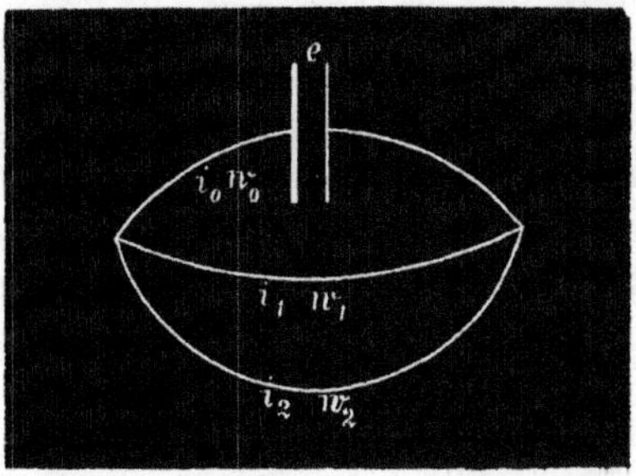

Theilt sich z. B. der von der elektromotorischen Kraft E gelieferte Strom zwischen zwei Punkten des Kreises in zwei Zweige, und bezeichnet man Stromstarke und Widerstand für den unverzweigten Theil mit i_0 und w_0, fur die beiden Parallelzweige mit i_1 und w_1, resp. i_2 und w_2, so erhält man die Formeln (Fig. 4)

$$i_0 = \frac{E\,(w_1 + w_2)}{w_0\,w_1 + w_0\,w_2 + w_1\,w_2}$$

$$i_1 = \frac{w_2\,E}{w_0\,w_1 + w_0\,w_2 + w_1\,w_2}$$

$$i_2 = \frac{w_1\,E}{w_0\,w_1 + w_0\,w_2 + w_1\,w_2}.$$

Die Stromstarken in den beiden Parallelzweigen verhalten sich also umgekehrt wie ihre Widerstände, d. h. der Strom vertheilt sich auf sie nach Massgabe des umgekehrten Verhaltnisses ihrer Widerstände, und der Widerstand der Parallelschaltung als eines Ganzen ist

$$w_{12} = \frac{w_1\ w_2}{w_1 + w_2},$$

so dass der Gesammtwiderstand der Schliessung

$$w = w_0 + \frac{w_1\ w_2}{w_1 + w_2}$$

wird. Aehnlich verhält es sich bei verwickelteren Parallelschaltungen, während Combinationen von der Art der Wheatstone'schen Brücke für die Zwecke dieses Buches von untergeordneter Wichtigkeit sind.

Hiermit sind die quantitativen Verhältnisse, welche bei Batterieströmen stattfinden, in ihren wesentlichen Zügen zur Darstellung gelangt.

II.

Bewegung im magnetischen Felde.

Den galvanischen oder Batterieströmen stehen die, beträchtlich später, nämlich im Jahre 1831 von Faraday entdeckten, magnet-elektrischen Ströme gegenüber. An die Stelle der chemischen Combinationen, welche bei jenen stromerzeugend wirken, treten hier, mit einander verknüpft, zwei andere Principien: Magnetismus und Bewegung. Man muss den Leiter, in welchem der Strom entwickelt werden soll, erstens in einem Raume aufstellen, in welchem magnetische Kräfte wirksam sind, und muss ihn zweitens in diesem Raume in Bewegung setzen.

Einen Raum, in welchem magnetische Kräfte wirksam sind, nennt man ein magnetisches Feld. Gewöhnlich, wenn auch nicht nothwendiger Weise, wird das magnetische Feld die, jene Kräfte erzeugenden Magnete selbst enthalten Diese Magnete üben, vermöge der Wirkung ihrer Pole, an jedem Orte des Feldes eine Kraft von bestimmter Grösse und Richtung aus. Die Grösse der Kraft in einem bestimmten Punkte des Feldes pflegt man auf diejenige Kraft als Einheit zu beziehen, welche ein in jenem Punkte befindlicher Einheitspol erfahren würde. Ist diese Kraft gleich eins, so sagt man, die Intensität des magnetischen Feldes in diesem Punkte sei gleich eins, wodurch der Begriff der Intensität des Feldes bestimmt ist. Von der Richtung der Kraft in den verschiedenen Punkten des Feldes verschafft man sich ein anschauliches Bild, wenn man diejenigen Linien zeichnet, deren Elemente überall dieselbe Richtung haben, wie jene Kraft, und diese Linien heissen die Kraftlinien des magnetischen Feldes. Sie gehen sämmtlich von einem der wirkenden Magnetpole aus und münden sämmtlich in einen anderen dieser Pole. Die hervorragende Wichtigkeit dieser Kraftlinien für die Theorie der magnet-elektrischen Ströme beruht jedoch darauf, dass dieselben nicht nur durch ihren Verlauf die Richtung, sondern auch durch ihre Anordnung die Stärke der stromerzeugenden Kraft, also die Intensität des

Feldes bestimmen. In Wahrheit freilich ist selbstverständlich die Zahl der Kraftlinien eine unbegrenzte, und überall schliessen dieselben sich continuirlich aneinander an. Ist z. B. ein einziger punktförmiger Magnetpol vorhanden, so besteht das System der Kraftlinien offenbar aus allen von diesem Punkte ausgehenden geraden Linien. Für bestimmte Fälle wird man jedoch unter diesen unzähligen Kraftlinien eine gleichförmige Auswahl treffen, in dem erwähnten Beispiele etwa eine solche, dass in einer durch den Pol gelegten Ebene sich zwanzig Kraftlinien befinden, von denen je zwei benachbarte einen Winkel von 18^0 mit einander bilden. Trotz dieser gleichförmigen Auswahl nun wird die Dichtigkeit der Anordnung der Kraftlinien an verschiedenen Stellen des Feldes eine verschiedene sein, und zwar eine desto grössere, je grösser die Intensität des Feldes daselbst ist. Für das gedachte Beispiel wird dies in sehr einfacher Weise klar, wenn man sich um den Pol zwei Kugeln geschlagen denkt, die zweite mit doppelt so grossem Radius, als die erste; nach dem magnetischen Grundgesetz ist die Intensität des Feldes auf der zweiten Kugelfläche nur noch ein Viertel so gross wie auf der ersten; und in der That ist hier auch die Anordnung der Kraftlinien nur ein Viertel so dicht, weil die gleiche Zahl solcher auf eine vier Mal so grosse Fläche sich vertheilt. Durch Verallgemeinerung dieses Falles gelangt man somit zu dem Satze, dass die Intensität eines magnetischen Feldes an einer bestimmten Stelle gleich der Anzahl der Kraftlinien ist, welche daselbst durch die auf der Richtung der Kraftlinien senkrechte Flächeneinheit hindurch gehen.

Da hiernach die Kraftlinien in jedem Punkte Richtung und Intensität der magnetischen Kraft bestimmen, so wird durch sie das magnetische Feld vollstandig charakterisirt.

Die erwahnte Entdeckung Faraday's besagt nun, dass, wenn man in ein magnetisches Feld einen Stromleiter bringt, und so bewegt, dass er Kraftlinien schneidet, in diesem Leiter ein Strom hervorgerufen wird. Dieser Strom ist ein magnetelektrischer Strom. Von einem Batteriestrom unterscheidet er sich wohl durch die Art der Erzeugung, bei geeigneter Anordnung aber durchaus nicht durch seine Eigenschaften. Man wird daher auch die Stärke dieses Stromes durch dieselben beiden unabhängigen Veranderlichen ausdrücken können, welche bei galvanischen Stromen die Stromstärke bestimmen: elektromotorische Kraft und Widerstand. In Bezug auf den letzteren ist nichts Neues zu sagen; ganz anders jedoch verhält es sich hier mit der elektromotorischen Kraft. Wahrend bei den Batterieströmen die elektromotorische Kraft eines Elementes, wie wir sahen, als rein empirische Grosse auftrat, nach deren Abhängigkeit von der Beschaffenheit des Elementes wir nicht weiter fragten, ist es hier von fundamentaler Wichtigkeit, zu untersuchen, auf welche Art und Weise die elektromotorische Kraft von den beiden sie hervorrufenden Momenten abhangt, namlich von der Natur des magnetischen Feldes und von der Art der Bewegung.

Es möge genügen, das verhaltnissmassig einfache Ergebniss dieser Untersuchung anzuführen. Verhältnissmassig einfach ist dasselbe, weil die zahlreichen in Betracht kommenden unabhängigen Veränderlichen sich in einfachster Weise combiniren. Unabhangige Veränderliche sind:

1. Die Intensitat des magnetischen Feldes, F.

2. Die Länge des Stromleiters, l.

3. Der Winkel φ zwischen der Linie des geradlinig gedachten Stromleiters und den Kraftlinien.

Fig. 5.

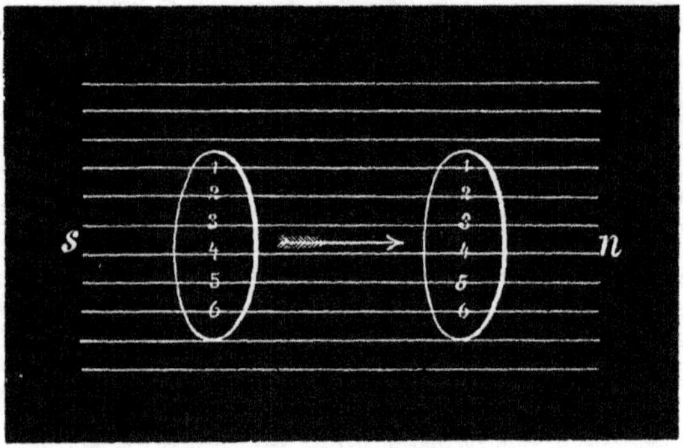

4. Die Bewegungs-Geschwindigkeit des Stromleiters, v.

5. Der Winkel ψ zwischen der Richtung dieser Bewegung und der Richtung der Kraftlinien.

Von diesen Grössen hängt nun die elektromotorische Kraft einfach nach der Formel

$$e = F \,.\, l \,.\, v \,.\, \sin \varphi \,.\, \sin \psi$$

ab, und es ist nicht schwer einzusehen, dass die rechte Seite dieser Gleichung mit der Zahl derjenigen Kraftlinien übereinstimmt, welche der Leiter bei seiner Bewegung schneidet. Man erhält also den Satz, dass die elektromotorische Kraft gleich der Anzahl der durchschnittenen Kraftlinien ist. Am grössten wird dieselbe daher sein, wenn der Leiter sich senkrecht gegen die Kraftlinien bewegt, während sie Null ist, also überhaupt kein Strom entsteht, wenn die Bewegung so erfolgt, dass überhaupt keine Kraftlinien geschnitten werden.

Fig. 6.

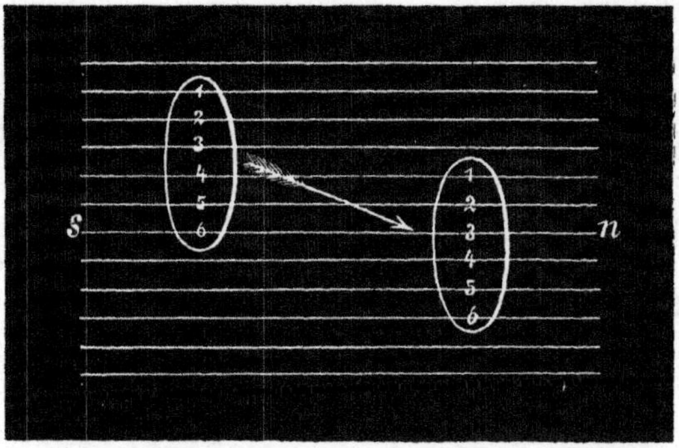

In der Praxis handelt es sich gewöhnlich nicht um geradlinige, sondern um ringförmig geschlossene Stromleiter, und für solche bedarf es einer näheren Erläuterung und Ausführung des eben gewonnenen Resultates. Es ist nämlich in diesem Falle nicht mehr zweckmässig, bei der Untersuchung der Bewegung des Leiters die Linie desselben in Betracht zu ziehen; man thut besser und gelangt zu einfacheren Ausdrucksweisen, wenn man sein Augenmerk auf die von jener Linie umschlossene ebene Fläche richtet. Aus dieser Fläche werden bei der

Bewegung Kraftlinien austreten, in sie werden andere eintreten, und fur die erzeugte elektromotorische Kraft ist nicht etwa die Gesammtanzahl aller Ein- und Austritte von Kraftlinien massgebend, sondern die Differenz der Zahl der Eintritte und der Zahl der Austritte. In Folge dessen wird z. B. gar keine elektromotorische Kraft nicht nur dann erzeugt, wenn der Kreisring sich so bewegt, dass uberhaupt keine Kraftlinien ein- oder austreten (Fig. 5), sondern auch dann, wenn ebenso viele Kraftlinien in die Kreisfläche ein- wie aus ihr heraustreten (Fig. 6).

Magnetische Felder, wie die beiden in Fig. 5 und Fig. 6 dargestellten, in denen sowohl die Richtung, als auch die Dichtigkeit der Kraftlinien an allen Stellen dieselbe ist, heissen gleichförmige oder homogene magnetische Felder. Gibt es Fälle der Bewegung eines Kreisringes in einem solchen Felde, in denen Ströme erzeugt werden? Zur Beantwortung dieser Frage ist es nur nöthig, zu erwägen, dass die Zahl der durch eine bestimmte Fläche hindurchgehenden Linien von zwei Umständen abhängt: von der Dichtigkeit der Linien und von der Neigung der Fläche gegen dieselben. Ist nun erstere zwar bei einem gleichförmigen Felde unveränderlich, so nimmt doch die letztere andere Werthe an, wenn die Kreisflache bei der Bewegung des Ringes sich dreht, sei es, dass es eine Drehung um einen eigenen Durchmesser, sei es, dass es eine solche um eine ausserhalb liegende Achse, also eine Drehung mit Fortbewegung verknüpft, ist: Der letztere Fall ist in Fig. 7 veranschaulicht, und es möge darauf hingewiesen werden, dass er bei einer der verbreitetsten Gattungen von Maschinen, nämlich den Pacinotti-Gramme'schen Maschinen zur Anwendung gebracht worden ist, während bei den nicht minder gebräuchlichen Maschinen von Siemens (von Hefner-Alteneck) die Drehung von der ersten Art ist.

Es frägt sich nun, welche Richtung der so ent-

Fig. 7.

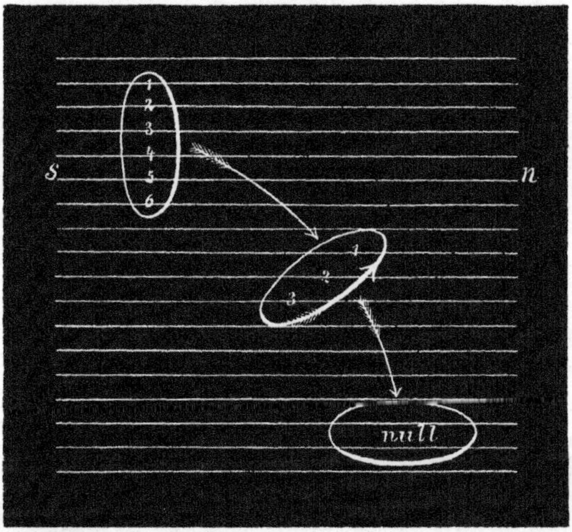

stehende Strom hat. Die Antwort auf diese Frage lässt sich in verschiedene Formen kleiden, von denen die folgende die gebräuchlichste ist: Bewegt sich ein geschlossener Drahtkreis durch ein magnetisches Feld und betrachtet man seine Fläche von der Seite, von welcher die Kraftlinien kommen, so entsteht in ihm ein Strom im Sinne der Uhrzeigerbewegung, sobald die Zahl der durch die Flache hindurchgehenden Kraftlinien abnimmt, dagegen ein Strom in dem der Uhrzeigerbewegung entgegengesetzten Sinne, sobald die Zahl der durch die Fläche hindurch gehenden Kraftlinien zunimmt.

Diese Ausspruchsweise des Satzes hat, wie alle ähnlichen, einen grossen Uebelstand; sie bestimmt nämlich die Stromrichtung mit Hilfe der Betrachtung der von dem Strome umkreisten Fläche von einer bestimmten Seite, also gewissermassen subjectiv, nicht objectiv, und die Folge davon ist, dass es Fälle giebt, in welchen die durch unsere Regel bestimmte Stromrichtung in dem Kreisstrom sich umkehrt, während in Wirklichkeit eine solche Umkehr nicht stattfindet. Die Regel ist also in dieser Form wohl geeignet, die Stromrichtung an bestimmten Stellen des magnetischen Feldes anzugeben, nicht aber die Zeichenwechsel dieser Stromrichtung bei der Bewegung des Ringes durch das Feld in einfacher Weise festzustellen.

Es ist nun nicht schwer, für diesen in der Praxis gerade allerwichtigsten Zweck die Kriterien festzustellen. Unsere Regel sagt aus, dass die Stromrichtung, perspectivisch definirt, die eine oder die andere sei, je nachdem die Zahl der durch die Fläche hindurchgehenden Kraftlinien zu- oder abnimmt. Eine Umkehr des Stromes kann hiernach nur an solchen Stellen eintreten, wo die Zahl der durch die Fläche hindurchgehenden Kraftlinien entweder ein Maximum oder ein Minimum ist; sie wird aber nicht an allen derartigen Stellen erfolgen, nämlich an solchen nicht, wo gleichzeitig auch die Seite sich umkehrt, von welcher man nach der Grundregel die Fläche zu betrachten hat. Dieser Fall wird im Wesentlichen an zwei Classen von Orten stattfinden, nämlich erstens, wenn die Fläche durch einen Pol des Feldes hindurchgeht, und zweitens, wenn die Fläche die Kraftlinien tangirt (von speciellen Punkten der Bewegungscurve des Flächenschwerpunktes, z. B. Wendepunkten u. dgl. abgesehen). Um zu einem allgemeineren Ausdrucke dieser Verhältnisse zu gelangen, braucht man nur zu erwägen, dass, wie schon oben bemerkt wurde, die Zahl der durch die Fläche hindurch gehenden Kraftlinien von zwei Momenten abhängt, von der Dichtigkeit der Kraftlinien und von ihrer Neigung gegen die Fläche. Demgemäss wird man auch unter den Maximis und Minimis der durch die Fläche gehenden Kraftlinienzahlen verschiedene Arten zu unterscheiden haben, nämlich 1. Dichtigkeitsmaxima, 2. Dichtigkeitsminima, 3. Neigungsmaxima, 4. Neigungsminima und 5. combinirte Maxima oder Minima: Ein combinirtes Maximum ist dabei dann vorhanden, wenn bei der Bewegung des Ringes die Richtung zwar fortfährt zuzunehmen, die Dichtigkeit fortfährt abzunehmen (oder umgekehrt); während aber bis zu der betreffenden Stelle der Einfluss der zunehmenden dieser beiden Grössen überwog, von nun an die abnehmende den grösseren Einfluss ausübt; und analog verhält es sich bei einem combinirten Minimum. Hiernach kann man nun sagen, dass eine Umkehr des Stromes nicht stattfindet an den Orten der Dichtigkeitsmaxima (Pole) und der Neigungsminima (Berührung der Fläche durch die Kraftlinien), wohl aber an den Orten der übrigen Maxima und Minima.*)

*) Es muss hier bemerkt werden, dass Fälle der Bewegung eines geschlossenen Stromes durch ein magnetisches Feld denkbar sind, in

In den Figuren 7—13 sind einige Falle der Bewegung eines Kreisstromes durch das magnetische Feld zur Darstellung gebracht. Dabei ist nun, den obigen Ausführungen entsprechend, ein Stromlauf von der Art der Uhrzeigerbewegung mit einem *d* (»directer Strom«), ein entgegengesetzter Stromlauf mit einem *i* (»inverser Strom«) bezeichnet, jedoch unter der Voraussetzung, dass man die Stromfläche nicht immer in der Richtung der Kraftlinien, sondern immer von derselben Seite betrachtet (die man sich z. B, dadurch fixirt denken kann, dass man sich in der Fläche ein Blatt Papier und auf der einen Seite desselben irgend eine Marke vorstellt); um von den beiden Seiten der Fläche ein- für allemal eine auszuwählen, kann man etwa festsetzen, dass es stets diejenige sein soll, die man vor Beginn der Bewegung, zur Zeit, wo der Kreisring sich noch in grosser Entfernung befindet, in der Richtung der Kraftlinien sieht, oder auch, was für das Studium der Figuren zuweilen noch zweckmässiger erscheint, man betrachtet die Fläche stets von der in der Figur perspectivisch sich darbietenden Seite. Schliesslich sind diejenigen Stellen, an denen die Stromrichtung wechselt, durch einen weissen Punkt gekennzeichnet.

Ein gleichförmiges magnetisches Feld ist in der schon erwähnten Fig. 7 (S. 23) dargestellt und zwar,

---

denen die obige Regel nicht stichhält, mindestens nicht ohne nahere Erläuterung; fur die Praxis, insbesondere der magnet-elektrischen und dynamo-elektrischen Maschinen, dürften derartige Falle jedoch kaum von irgend welcher Bedeutung sein. (Ein Beispiel ist die excentrische Rotation eines Drahtringes, dessen Ebene in die Medianebene des Magnetstabes fällt, in dieser Ebene.)

da, wie wir wissen, eine Verschiebung des Ringes hier keine Induction zur Folge hat, für den Fall der Drehung desselben um eine ausserhalb seiner Contour, aber in seiner Ebene gelegene Achse. Da bei einem gleichförmigen Felde die Dichtigkeit der Kraftlinien überall dieselbe ist, so ist die Neigung derselben gegen die Fläche des Ringes die einzige unabhängige Variable; Umkehr des Stromes kann also nur da stattfinden, wo diese Neigung ein Maximum ist, d. h. — wenn die Drehungsachse auf der gemeinschaftlichen Richtung der Kraftlinien senkrecht steht — 90^0 beträgt. Es findet daher während jeder Rotation zweimal eine Umkehr des Stromes statt und zwar an zwei diametral gegenüberliegenden Punkten der Kreisbahn; auf der einen der hierdurch bestimmten Hälften der Bahnlinie ist die Stromrichtung eine directe, auf der anderen eine inverse. Genau ebenso verhält es sich, wenn die Drehung des Ringes um einen seiner eigenen Durchmesser erfolgt (Fig. 8). Da diese beiden Fälle den beiden Haupttypen elektrischer Maschinen, der Gramme'schen und der Siemens'schen, entsprechen, so sieht man, dass ein principieller Unterschied zwischen ihnen nicht besteht, wohl aber ein quantitativer, insofern bei den letzteren die Kraftlinienzahl stärkeren Aenderungen unterworfen werden kann, als bei den ersteren.*)

Fig. 9 giebt ein Beispiel von Stromerzeugung durch blosse Verschiebung in einem Felde von zwar gemeinsamer Richtung, aber variabler Dichtigkeit der Kraft-

*) Es braucht wohl nicht erst bemerkt zu werden, dass dieser eine Umstand noch nicht definitiv für die Siemens'sche Trommel gegen den Gramme'schen Ring entscheiden kann, da es bei der Vergleichung dieser beiden Formen noch auf zahlreiche andere Punkte ankommt.

Fig. 8.

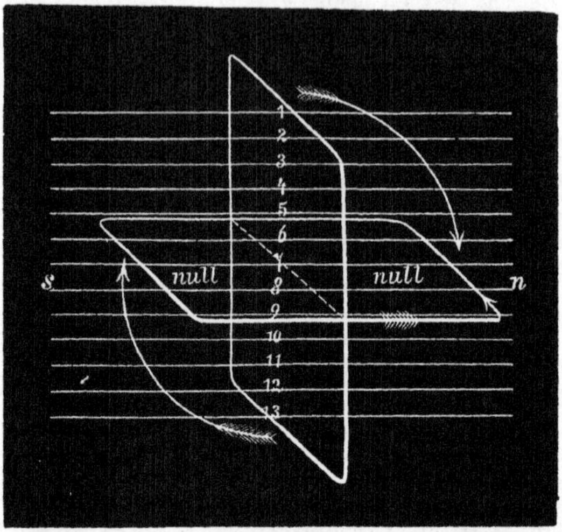

Fig. 9.

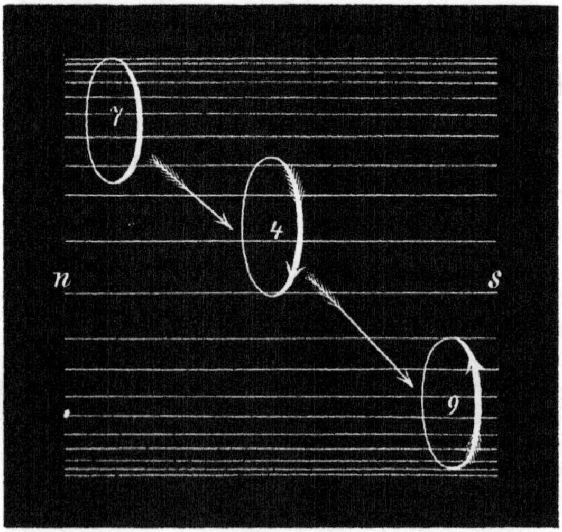

linien. Die Verschiebung kann auch in der Ebene des Ringes stattfinden; lasst man in diesem Falle den Mittelpunkt der Kreisflache eine Kreisbahn beschreiben, so erhält man die Rotation des Ringes um eine auf

Fig. 10

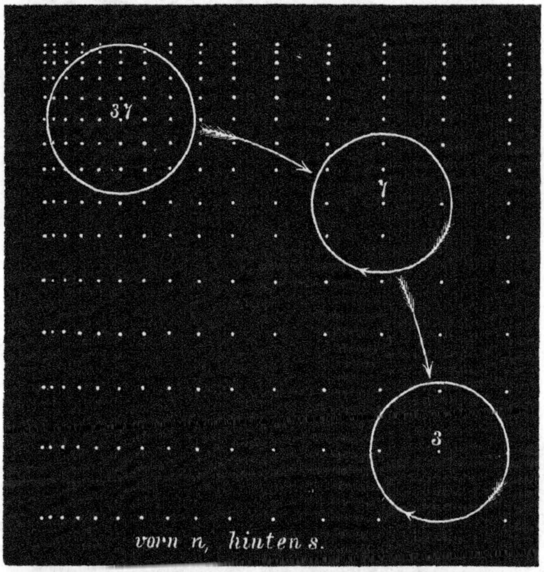

seiner Ebene senkrechte, ausserhalb seiner Contur gelegene Achse. (Fig. 10, in welcher die Kraftlinien von vorn gesehen als Punkte erscheinen.)

Experimentell lässt sich am einfachsten ein magnetisches Feld herstellen, indem man in einem Raume einen Stabmagneten aufstellt, der bekanntlich zwei in der Nähe seiner Enden gelegene Pole besitzt. Die Kraft-

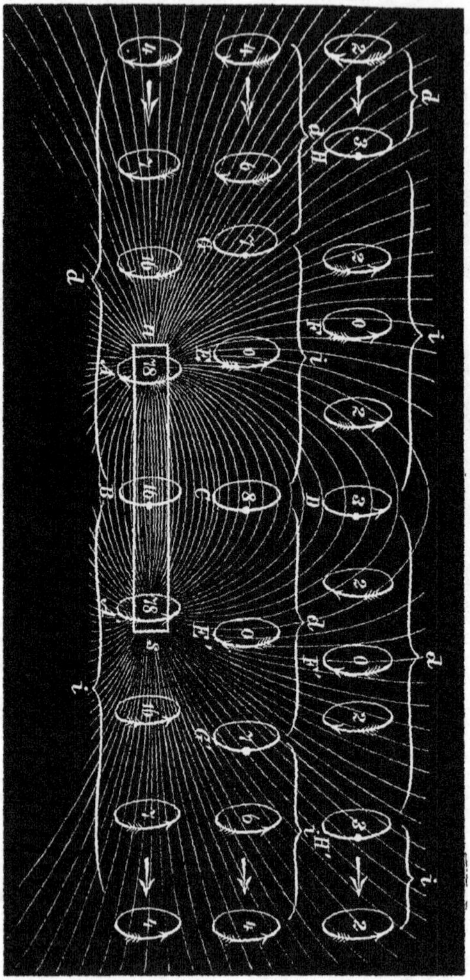

Fig. 11.

linien nehmen alsdann den in den Figuren 11 und 12 veranschaulichten Verlauf. Zur Construction derselben dient

Fig. 12.

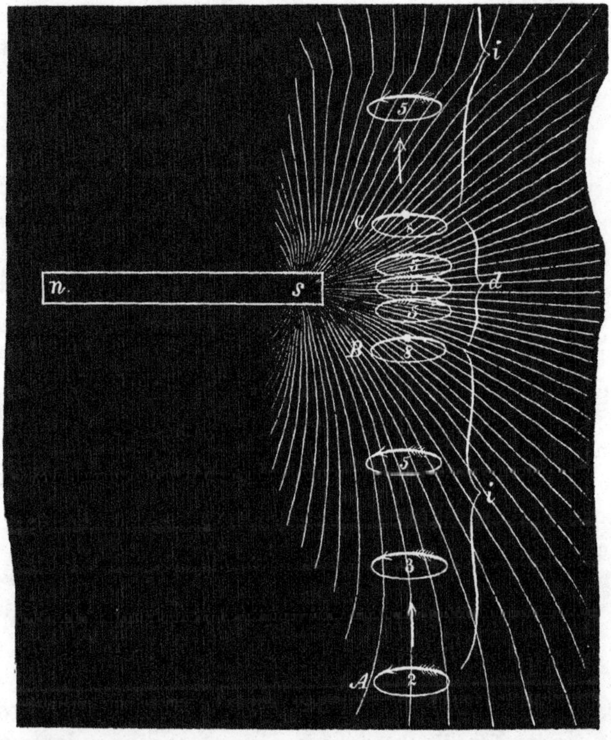

in diesem Falle, wenn auch nicht völlig streng, so doch für die meisten Zwecke in ausreichender Weise, der Satz, dass die Summe der Cosinus der Winkel, welche die Achse des Magnets mit den Verbindungslinien zwischen den Polen und den Punkten der Kraftlinien bilden, für alle Punkte einer und derselben Kraftlinie eine constante Grösse ist, und dass, wenn man dieser constanten Grösse verschiedene Werthe beilegt, man nach und nach die verschiedenen Kraftlinien erhält.

Fig. 11 bezieht sich auf den Fall, dass ein Drahtring, dessen Ebene auf der Achse des Magnetstabes senkrecht steht, sich mit dieser parallel fortbewegt. Dieser Fall ist besonders geeignet, die oben unterschiedenen Arten der Maxima und Minima zu illustriren. Die Orte A und A' sind Dichtigkeitsmaxima (also keine Stromumkehr), B ist ein Dichtigkeitsminimum (Stromumkehr), C und D sind Neigungsmaxima (Stromumkehr), E und F, E' und F' sind Neigungsminima (keine Stromumkehr); endlich sind G und H, G' und H' combinirte Maxima (Stromumkehr).

Fig. 12 stellt insofern genau den entgegengesetzten Fall dar, als hier die Ebene des Ringes der Achse des Stabes parallel, die Bewegungsrichtung aber auf ihr senkrecht ist. Der von A kommende Drahtring wird, bis er die Stellung B erreicht, wegen der zunehmenden Zahl der Kraftlinien von einem (von unten gesehen) inversen Strome umkreist; zwischen B und C ist der Strom ein directer, von da ab wiederum ein inverser.

Dem Falle eines Stabmagneten mit seinen beiden Polen steht ein anderer gewissermassen diametral gegenüber, der für die Praxis von nicht geringerem Interesse ist, und der uns daher das letzte Beispiel liefern möge. Es ist dies der Fall zweier, in einiger Entfernung einander gegenüberstehender, ungleichnamiger Magnetpole. Während wir vorhin auch zwei derartige, aber durch die kurze magnetische Masse verbundene

Pole hatten, konnen wir uns hier vorstellen, dass die beiden Pole die Endpunkte eines sehr ausgedehnten, in der Unendlichkeit (in der Praxis natürlich im Endlichen, jedoch hinten herum) sich schliessenden Magneten sind, während zwischen ihnen ein kleines, aber kraftiges magnetisches Feld sich befindet. Im Princip sind die Magnete sämmtlicher elektrischen Maschinen von dieser Art; sie unterscheiden sich nur einmal durch die Art, wie der Magnet rückwarts geschlossen ist, und sodann durch die Form der Pole, bei den sogenannten multipolaren Maschinen auch durch deren Zahl.

Die Fig. 13 bezieht sich auf den Fall, dass zwischen zwei spitzenförmigen Polen der Drahtring bei seiner Rotation einen Gramme'schen Ring beschreibt. Die Inductionsvorgänge sind hier ziemlich verwickelt. Von *A* bis *B* nimmt die Zahl der Kraftlinien zu, erreicht hier ein Maximum und fällt nun rapid ab, um schon bei *C* das Minimum zu erreichen. Bei *D* ist sie wieder ein Maximum, und so wiederholt sich derselbe Vorgang bei einer Umdrehung vier Mal. Nach unserer Regel können wir die Stromrichtung und die Orte des Stromwechsels sofort ermitteln. Letztere sind bestimmt durch die beiden Dichtigkeitsminima *A* und *E* und durch die vier combinirten Maxima *B* und *D*, *F* und *H*; an diesen sechs Stellen kehrt sich die Stromrichtung um, nicht aber an den Orten der beiden Neigungsminima *C* und *G*. Von derjenigen Seite betrachtet, welche in der Stellung *A* die untere (vordere) ist, ist mithin der Strom auf den Strecken *AB*, *DE* und *FH* ein inverser, auf den Strecken *BD*, *EF* und *HA* hingegen ein directer. Diese Verhältnisse sind neuerdings von Isenbeck experimentell und mit Rücksicht auch auf die quantitativen Umstände geprüft worden. Die Ergebnisse dieser Untersuchung sind, wie die graphische Darstellung in

Fig. 13.

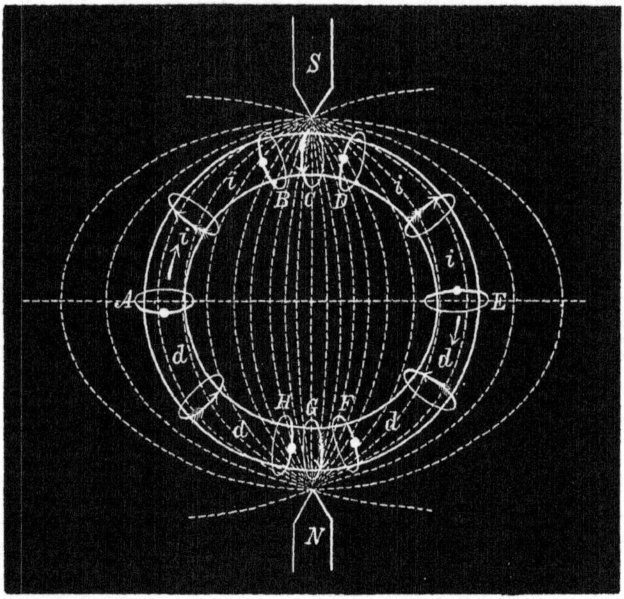

Fig. 14 zeigt, in Uebereinstimmung mit der Theorie. Die Abscissen-Achse stellt hier einen vollen Umlauf dar, die Ordinaten messen die an den bezüglichen Stellen des Umlaufes inducirten Ströme. Wie man sieht, sind in der That sechs Zeichenwechsel vorhanden; der Bogen $B\ C$ ergab sich ungefähr gleich 12 Grad.

Fig. 14.

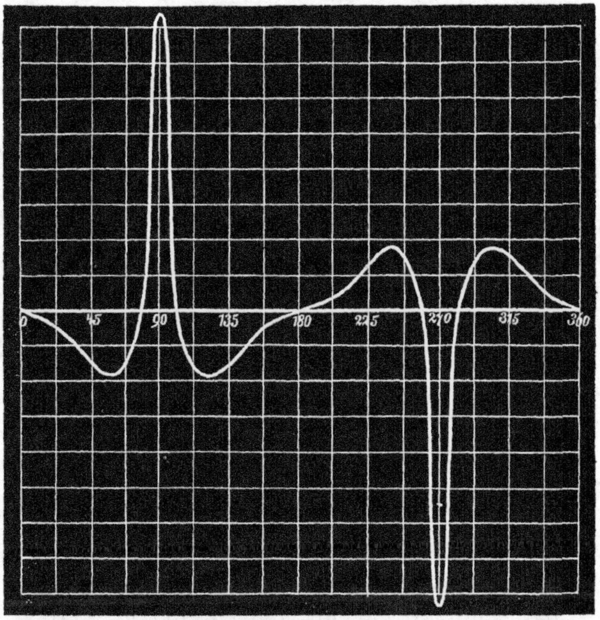

Fig. 15.

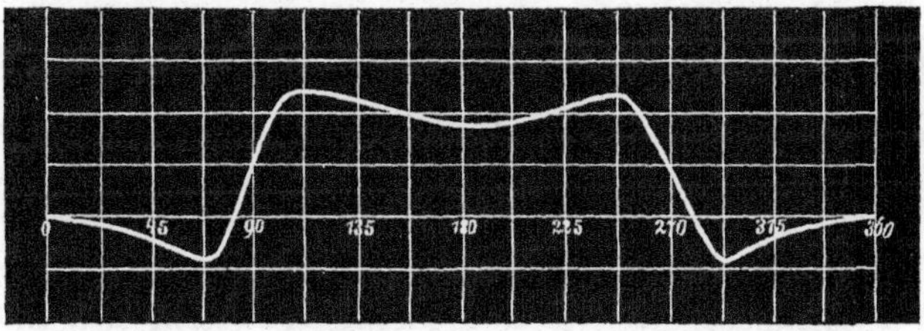

Bei den Gramme'schen Maschinen rotirt nun aber nicht eine einzige Drahtwindung, sondern die ganze ringförmige Bahn, also, concret ausgedrückt, etwa ein feststehender Holzring ist mit Drahtwindungen vollständig bedeckt. Rotiren nun alle diese Windungen gleichzeitig, so ergiebt sich eine Induction, deren Verlauf man nach S. P. Thompson erhalt, wenn man die Curve der Fig. 14 integrirt. Auf diese Weise erhält man die in Fig. 15 gezeichnete Curve. Es ist einleuchtend, dass der Strom, welcher durch diese beiden Curven dargestellt wird, durchaus ungeeignet ist, um praktisch verwerthet zu werden. Einmal deshalb, weil die angewandte Kraft nur in sehr ungenügender Weise ausgenützt wird, und sodann ganz besonders deshalb, weil die erzielten Wirkungen zum Theil im Widerstreit mit einander stehen, sich also gegenseitig beeinträchtigen; endlich drittens wegen der Ungleichmässigkeit und Regellosigkeit des Vorganges.

Es tritt die Frage an uns heran, wie diesen Uebelständen abzuhelfen sei. Die radicalste Abhilfe freilich — und das muss vor allem Anderen gesagt werden — wird dadurch getroffen, dass man die ringförmige Bewegungsform, also die Rotation der Drahtwindungen um eine ausserhalb gelegene Achse, verlässt und an ihrer Stelle die Rotation conaxial aufgewundener Drahtrechtecke um diese ihre eigene gemeinschaftliche Achse treten lässt, so dass der durch die Bewegung beschriebene Körper nicht die Form eines Ringes, sondern die eines Cylinders (Trommel) besitzt. So gelangen wir zu den Siemens'schen oder v. Hefner-Alteneck'schen Trommelmaschinen. Diese Maschinen liefern, wie eine, der obigen analoge, Betrachtung zeigen würde, schon an und fur sich einen so günstigen Verlauf der Induction, dass sie fast ohne weiteres benutzbar sind. Thatsachlich aber ist es gelungen, die Gramme'schen Ringmaschinen so herzurichten, dass der oben geschilderte Inductionsverlauf wesentlich verbessert und vereinfacht wird, und die Maschinen demgemass den Trommelmaschinen im Wesentlichen nichts nachgeben.

Die Veränderungen, die wir, den Voraussetzungen der Fig. 13 gegenüber, eintreten lassen wollen, sind zunachst und hauptsachlich drei ganzlich von einander unabhangige und verschiedene.

Erstens wollen wir die spitzenformigen Magnetpole durch breite Polflachen, sogenannte Polschuhe, ersetzen und dieselben halbkreisförmig derart aushöhlen und aufstellen, dass sie den Holzring, auf den wir uns die Drahtwindungen aufgewickelt denken, fast vollstandig umgeben. Wir erreichen dann, wie die Fig. 16 zeigt, dass das vorher durchaus ungleichformige magnetische Feld sich, wenigstens in dem Raume zwischen den Polen, in ein gleichformiges verwandelt. Wie sich erwarten lässt, wird dadurch auch der Verlauf der Induction gänzlich umgestaltet. Aus der Elementarcurve (Fig. 17) ist dies deutlich ersichtlich; aber die Integralcurve (Fig. 18) zeigt auch, dass durch diese Abänderung zwar die widerstreitenden Wirkungen eliminirt sind, für eine kraftige und reguläre Stromentwickelung aber noch wenig gewonnen ist.

Nun wollen wir zweitens eine Veränderung vornehmen, die, wie man von vornherein einsieht, einen ganz beträchtlichen Einfluss haben muss: wir wollen den

Fig 16

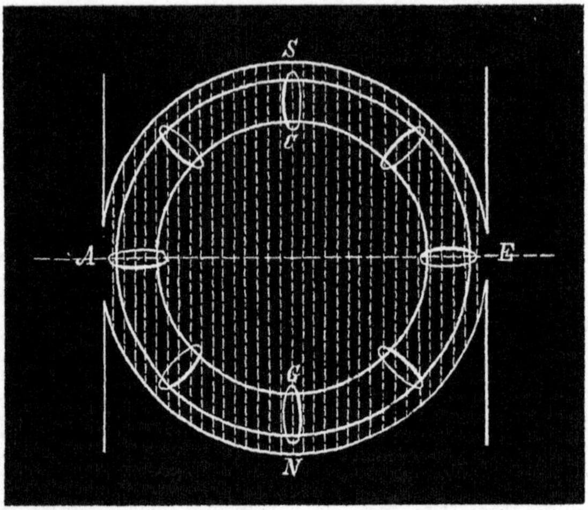

Fig. 17.

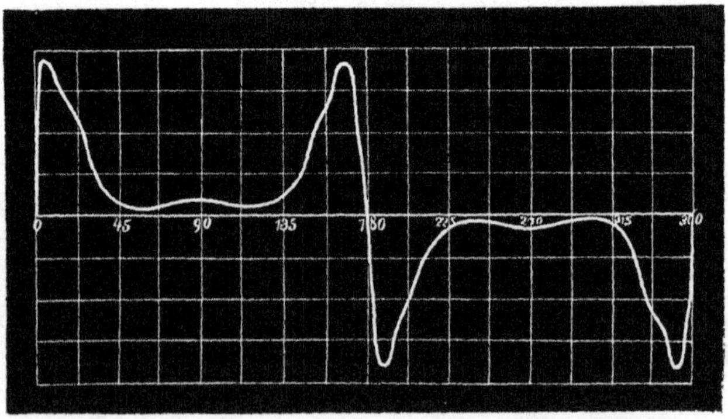

Ring, auf den wir den Draht wickeln, nicht aus Holz, sondern aus weichem Eisen herstellen. Wenn man weiches

Fig. 18.

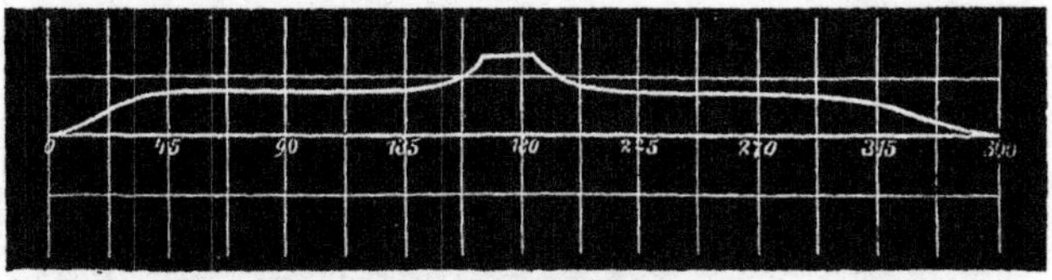

Eisen in ein magnetisches Feld bringt, so wird es bekanntlich selbst temporär magnetisch und gestaltet

Fig. 19

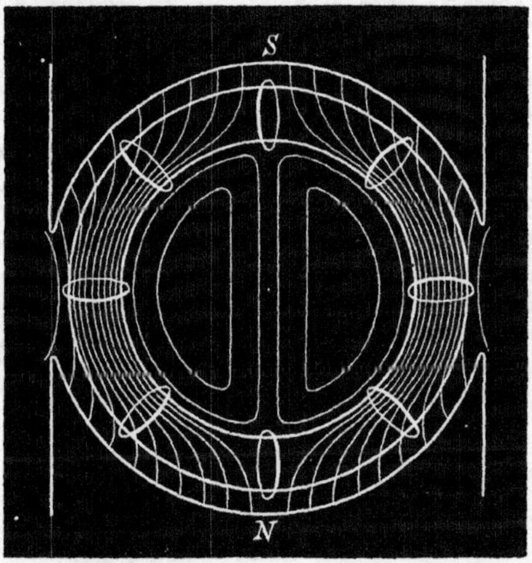

dadurch das magnetische Feld um. Man kann diesen Einfluss bildlich ausdrücken, indem man sagt, dass das

Eisen zur Aufnahme der Kraftlinien besonders geeignet ist und dieselben scheinbar in sich hineinzieht. Man nennt diese Eigenschaft magnetische Permeabilitat oder auch magneto-inductive Capacität.

Fig. 20.

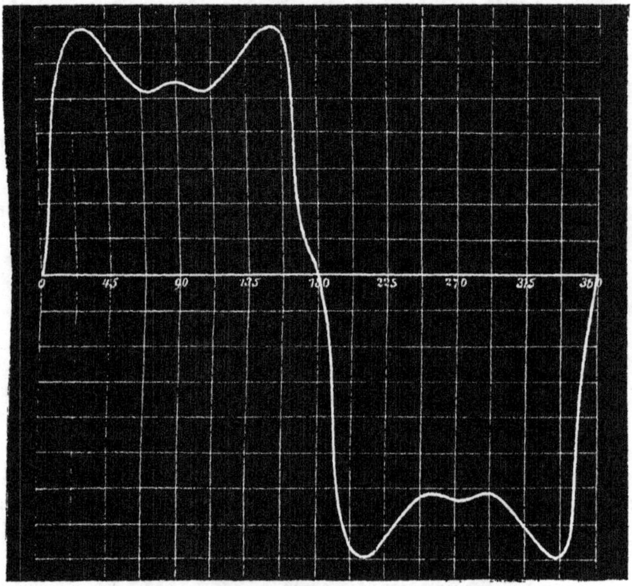

Durch diese Eigenschaft wird also das magnetische Feld an dem Orte der Eisenmassen auf Kosten der übrigen Theile des Feldes verstärkt. Da nun in unserem Falle die Drahtwindungen, in welchen der elektrische Strom entwickelt werden soll, unmittelbar den Eisenring umgeben, so wird die Wirkung eine ganz besonders kraftige sein. Auf diesen Fall beziehen sich die Figuren 19 bis 21; und zwar ist in Fig. 19 der Verlauf der Kraftlinien, in Fig. 20 die Elementarcurve und in Fig. 21 die Integralcurve des entwickelten Stromes dargestellt. Wie man sieht, erheben sich diese Curven hier zu beträchtlicher Höhe, und es bleibt nur noch zu wünschen

Fig 21.

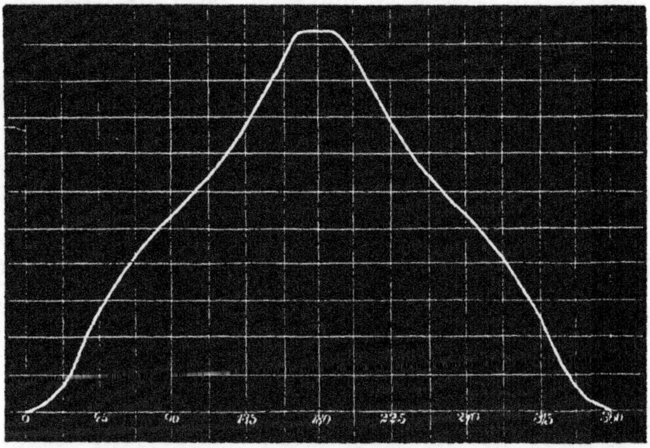

die Wirkung, nachdem sie einheitlich und kräftig geworden ist, auch noch gleichmässiger zu gestalten. Dies erreichen wir durch die Anordnung der Drahtwindungen und ihre Verbindung mit dem Commutator oder Collector.

Ueber diesen Letztgenannten für die Erzeugung constanter oder selbst nur gleichgerichteter Ströme unentbehrlichen Theilapparat herrscht noch heute eine grosse Gegensätzlichkeit der Ansichten. Für die sogenannten Wechselstrommaschinen zwar ist es ohne Zweifel ein Commutator; was aber die ausschliesslich zur Erzeugung gleichgerichteter Strome dienenden Maschinen betrifft, so wollen die Einen nur den Namen Collector, d. h. Stromsammler, die Anderen nur den Namen Commutator, d. h. Stromwender, gelten lassen. Ein principieller Unterschied zwischen beiden Auffassungen ist aber gar nicht vorhanden; es kommt vielmehr ganz darauf an, in welcher Weise man den Vorgang der Induction im magnetischen Felde verfolgt. Nun ist aber so viel klar, dass man durch continuirliche Rotation im magnetischen Felde niemals Ströme erzeugen kann, welche von vornherein gleichgerichtet sind; denn jeder Umlauf wird aus einem Hinlauf und einem Herlauf bestehen, und während dieser beiden Hälften jedes Umlaufs müssen entgegengesetzte Ströme inducirt werden. In diesem Sinne ist folglich zur Gleichrichtung der Ströme ein Commutator erforderlich, und es ist bei solcher Auffassung des Vorganges demnach auch kein principieller Unterschied zwischen Wechselstrommaschinen und Gleichstrommaschinen anzuerkennen. Bei den Gleichstrommaschinen, also z. B. bei den hier in Rede stehenden Ringmaschinen, kann man nun aber den Vorgang noch anders verfolgen. Man kann längs der einen Hälfte der ringförmigen Bahn denjenigen Strom betrachten, welcher in der Richtung der Uhr zeigerbewegung lauft, und welcher der positive sein möge; statt nun aber diesen Strom in der anderen Ringhälfte, wo er nach dem Obigen negativ sein würde, zu verfolgen, kann man sich vorstellen, dass hier ein ebenfalls positiver Strom der Uhrzeigerbewegung entgegengesetzt läuft. Diese beiden positiven Ströme werden sich daher an einer bestimmten, und ebenso die beiden entsprechenden negativen Ströme an der entgegengesetzten Stelle des Ringes treffen, und die Apparate, welche dazu dienen, an diesen Stellen die Ströme zu vereinigen und fortzuführen, hat man hiernach Collectoren zu nennen.

Diese letztere Vorstellungsart hat sich für die in Rede stehende Art von Maschinen, und zwar mit vollem Recht, eingebürgert.

Gehen wir nach dieser Abschweifung auf unseren Gegenstand zurück, bei welchem es sich darum handelte, die Stromerzeugung im Ringinductor gleichmässiger zu gestalten, so wollen wir der Einfachheit halber uns statt der Curve Fig. 20 eine einfache Sinuslinie vorstellen. Durch die Wirkung des Collectors oder Commutators wird die zweite Hälfte dieser Curve umgekehrt, und es entsteht die Curve *a b c d e* in Fig. 22. Streng genommen entspricht diese Elementarcurve einer Windung; man wird sie jedoch auch für eine beschränkte Anzahl, ein nur kurzes Stück des Ringes bedeckender Windungen, also für eine flache Spule gelten lassen dürfen; auch dann noch wird die Curve ein Bild der Erscheinung sein, wenn ausser der einen Spule noch eine zweite, ihr diametral gegenüberliegende rotirt; es folgt dies einfach daraus, dass unsere Curve die Periode von 180^0 hat. Anders verhält es sich jedoch, wenn vier oder gar acht Spulen in gleichen Abständen von einander auf den Ring gewickelt sind und mit diesem rotiren, und wenn dementsprechend der Collector in acht von einander isolirte Theile zerschnitten ist, wie es die Fig. 23 darstellt. Die Curven der vier verschiedenen Spulenpaare sind dann um je 45° gegen einander verschoben, die Steigungen und Senkungen derselben gleichen sich grossen Theils aus, und die resultirende Stromcurve

Fig 22.

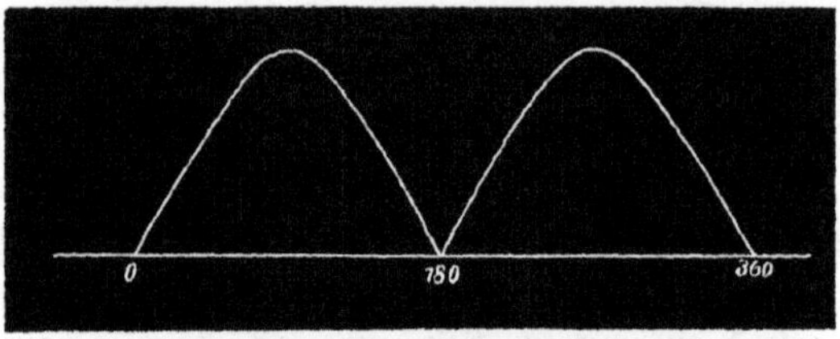

Fig. 23.

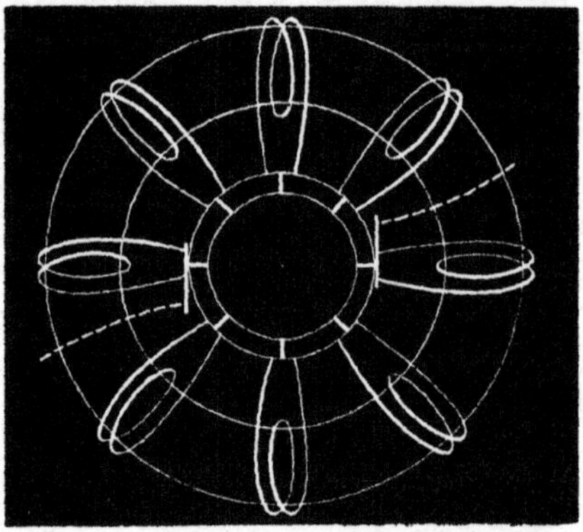

weicht von einer horizontalen Geraden bedeutend weniger ab (Fig. 24). In der Praxis ist die Zahl der Spulen und demgemäss auch der Collectorsegmente noch bedeutend grösser und in Folge dessen die Gleichförmigkeit der Stromstärke in verhältnissmässig hohem Grade er-

Fig. 24.

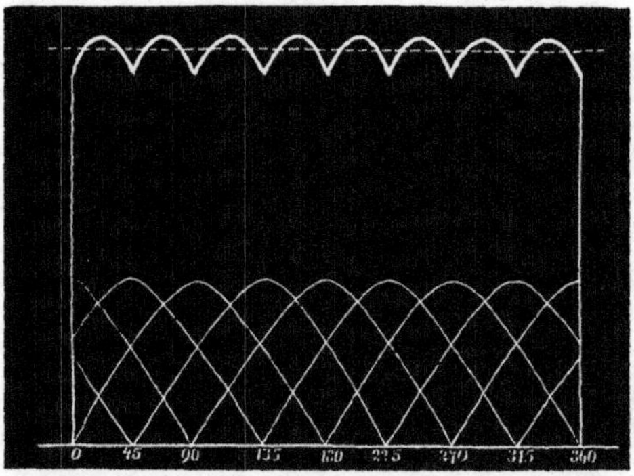

Fig. 25.

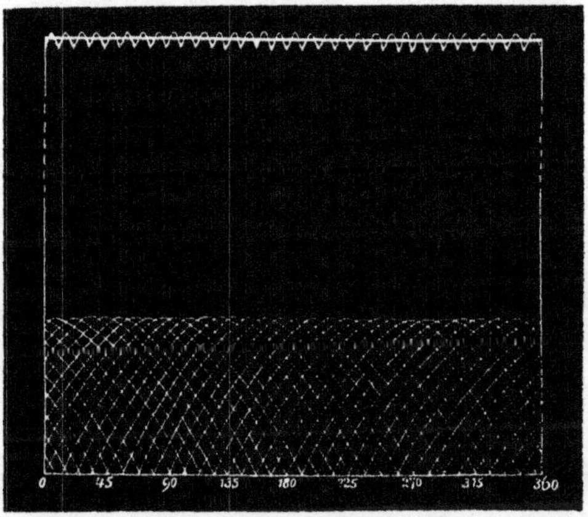

reicht. Die resultirende Linie der Fig. 25 z. B., welche dem Falle von 16 Spulenpaaren entspricht, kommt einer Geraden schon ziemlich nahe. S. P. Thompson hat folgende Tabelle berechnet, deren erste Spalte die Spulenzahl, deren zweite die Winkelbreite jeder einzelnen von ihnen und deren dritte die procentualen Schwankungen der elektromotorischen Kraft angiebt.

2	180°	± 50·00
4	90	14·04
10	36	2·38
12	30	1·70
15	24	1·10
20	18	0·61
24	15	0·42
30	12	0·28
36	10	0·19
40	9	0·14
45	8	0·12
60	6	0·07
90	4	0·03
360	1	0·003.

Dieses Resultat ist nicht nur praktisch von der grössten Wichtigkeit, sondern auch für die uns hier speciell interessirende Theorie der elektrischen Maschinen von fundamentaler Bedeutung, insofern es die Anwendung des Grundgesetzes constanter Ströme, des Ohm'schen Gesetzes, auch auf solche Ströme rechtfertigt, welche nicht durch Batterien, sondern auf die eben dargelegte Weise durch Bewegung im magnetischen Felde erzeugt sind.

III.

Magnet-elektrische Maschinen.

Magnet-elektrische Maschinen nennt man diejenigen elektrischen Maschinen, bei welchen das magnetische Feld durch Stahlmagnete erzeugt wird, an deren Stelle übrigens auch, durch eine Batterie erregte Elektro-Magnete treten können. Die elektromotorische Kraft hangt erstens von der Beschaffenheit des Feldes, zweitens von der Beschaffenheit der Armatur, d. h. des rotirenden Theils, endlich drittens von der Geschwindigkeit der Rotation ab. Das magnetische Feld wird, soweit es hier darauf ankommt, hinreichend charakterisirt, wenn die Gesammtanderung der Zahl der, während einer Umdrehung durch die Windungsflache hindurchgehenden Kraftlinien angegeben wird. Sie sei m. Die Armatur möge k Spulenpaare und jede Spule a Windungen besitzen. Endlich sei die Drehungsgeschwindigkeit durch die Tourenzahl n pro Secunde bestimmt. Die Zahl m wird im Allgemeinen ein ganzes Vielfaches derjenigen Kraftlinienzahl sein, welche überhaupt von einem Pole zur Armatur übertritt; und zwar erhält man jenen ganzzahligen Factor, wenn man untersucht, wie oft wahrend einer Umdrehung Maxima und Minima der Kraftlinienzahl eintreten und wie hoch erstere sich belaufen. Beim Gramme'schen Ring z. B. (Fig. 19) steigt die Kraftlinienzahl von Null bis zur Halfte aller überhaupt übertretenden Kraftlinien, fällt wieder auf Null, steigt wieder auf die Hälfte und fällt nochmals auf Null, so dass m hier das Doppelte der Gesammtzahl der Kraftlinien ist. Bei der Hefner'schen Trommel ist es das Vierfache, weil hier die rechteckigen Drahtwindungen in der Maximalstellung jedes Mal alle übertretenden Kraftlinien aufnehmen.

Für die elektromotorische Kraft einer magnetelektrischen Maschine erhalten wir somit die Formel

$$E = mkan. \qquad (1)$$

Für eine bestimmt gegebene Maschine mit Stahlmagneten enthält die rechte Seite dieser Gleichung nur eine einzige Variable, nämlich die Tourenzahl n. Bei constanter Tourenzahl wäre hiernach die elektromotorische Kraft eine constante; Aenderungen des ausseren Leitungswiderstandes, womit natürlich auch Aenderungen der Intensität des erzeugten Stromes verknüpft sind, haben also auf die elektromotorische Kraft keinen Einfluss. Nach dem Vorgange von Deprez nennt man die Curve, welche bei constanter Tourenzahl die elektromotorische Kraft als Function der Stromstarke darstellt, die Charakteristik der betreffenden elektrischen Maschine. Hiernach wäre die Charakteristik einer magnetelektrischen Maschine eine gerade Linie AB (Fig. 26). Thatsachlich ist dies nur dann der Fall, wenn die Tourenzahl mässig und in Folge dessen der erzeugte Strom schwach ist. Ist das letztere nicht der Fall, so kommt zu der Wirkung der Stahlmagnete eine dreifache Wirkung des Stromes in den Armaturwindungen hinzu, welche natürlich mit der Stärke dieses Stromes wächst und unter Umständen sehr bedeutend werden kann. Die erste dieser Wirkungen ist die Magnetisirung des eisernen Armaturkernes, die zweite ist die Modification des magnetischen Feldes, insofern die stromdurchflossene Armaturwickelung selbst einen Magneten darstellt, die dritte ist die elektrische Selbstinduction des Stromes. Am wichtigsten von diesen drei Wirkungen ist die erstgenannte, und zwar sowohl in praktischer als in theoretischer Hinsicht. In praktischer Hinsicht ist sie die Ursache fur die Nothwendigkeit, die Collectorbürsten nicht an den beiden, zwischen den Polen in der Mitte gelegenen Punkten anzulegen, sondern an zwei, im Sinne der Rotationsrichtung um einen gewissen, von der Rotationsgeschwindigkeit abhängigen Winkel weiter vorwärts gelegenen Stellen. Wahrend nämlich, um der Deutlichkeit halber wieder eine bestimmte Armaturgestalt zu wählen, der Eisenring durch die Pole des Feldes diesen gegenüber seine Pole erhält, erhält er sie durch die Einwirkung der Spulenströme da, wo diese ihr Zeichen wechseln, also in der Mitte zwischen jenen Stellen; die Axen der beiden Magnetisirungen, welche er erfährt, stehen also auf einander senkrecht, und die Richtung der resultirenden Axe wird eine schiefe sein, desto schiefer, d. h., von der Verbindungslinie der beiden Feldpole desto mehr abweichend, je starker der Strom wird. Da nun auf dieser Axe die Verbindungslinie der Collectorbürsten stets senkrecht stehen muss, so wird diese mit jener und in gleichem Masse gedreht. Die Fig. 26 giebt das System der Kraftlinien an, welches unter Berücksichtigung der Rückwirkung der Armaturströme an die Stelle desjenigen in Fig. 19 tritt. Dabei ist eine ziemlich starke Rückwirkung vorausgesetzt und auch berucksichtigt, dass, eben in Folge der Verschiebung der Bursten die obige Darstellung, bei welcher die beiden magnetischen Axen als auf einander senkrecht angenommen wurden, nur eine erste Annaherung

Fig. 26.

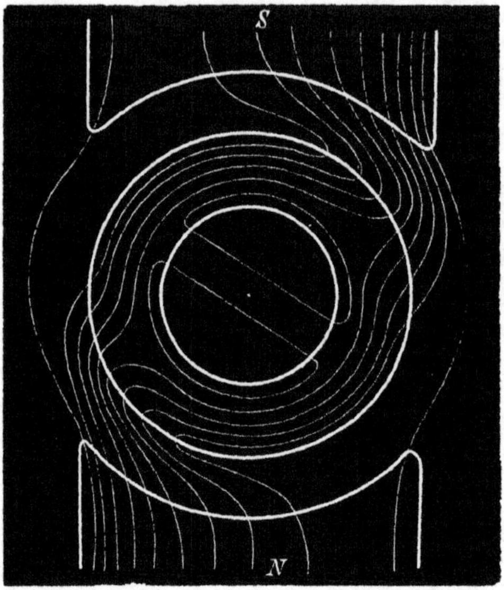

lieferte und dass man nunmehr ein Correctionsglied hinzufugen muss, welches die Verschiebung der Bürsten noch ein wenig erhöht.

Man hat früher geglaubt, die Ursache der Nothwendigkeit, die Bürsten zu verstellen, sei darin zu suchen, dass der eiserne Armaturkern nicht, wie im vorigen Capitel angenommen wurde, ruht, sondern an der Rotation seiner Umwickelung theilnimmt. In Folge dieser Rotation wird nämlich der Magnetismus der verschiedenen Stellen des Kerns fortwährend dem Wechsel unterworfen, und es ist anzunehmen, dass dieser Wechsel nicht momentan von statten geht, sondern eine gewisse Zeit braucht, während deren die Armatur sich schon um einen gewissen Winkel weiter gedreht hat. Indessen ist man neuerdings zu der Ueberzeugung gelangt, dass man die Bedeutung dieser Erscheinung früher beträchtlich überschätzt hat, und dass derselbe insbesondere dann verschwindend klein wird, wenn man nicht solide Eisenmassen, sondern Drahtbündel oder dergleichen für den Armaturkern verwendet, weil die Verzögerung der magnetischen Aenderungen, wie man jetzt weiss, keine directe Erscheinung, sondern eine Folge von in der Masse des Eisens entstehenden Inductionsströmen ist, die Entstehung dieser letzteren aber durch jene Vorsichtsmassregel so gut wie verhindert wird.

Die besprochene Rückwirkung der Armaturströme hat zur Folge, dass die Charakteristik einer magnetelektrischen Maschine im Allgemeinen nicht, wie oben gesagt wurde, eine horizontale Gerade, sondern eine Curve ist, welche, horizontal und geradlinig beginnend, sich immer stärker nach unten biegt. (*AC* in Fig. 27.)

In viel stärkerem Grade als von der Stromstärke hängt die elektromotorische Kraft einer Magnetmaschine von der Tourenzahl ab. Von vornherein wäre hier anzunehmen, dass zwischen den genannten beiden Grössen Proportionalität stattfände; aber auch hier zeigt das Experiment eine kleine Abweichung von diesem Verhalten; statt einer geraden Linie tritt eine schwach gekrümmte Curve auf. Für Maschinen modernster Construction ist diese Abweichung jedoch äusserst geringfügig, einfach deshalb, weil die Ursache derselben in den vorhin erwähnten, in der Eisenmasse des Ankers

Fig. 27.

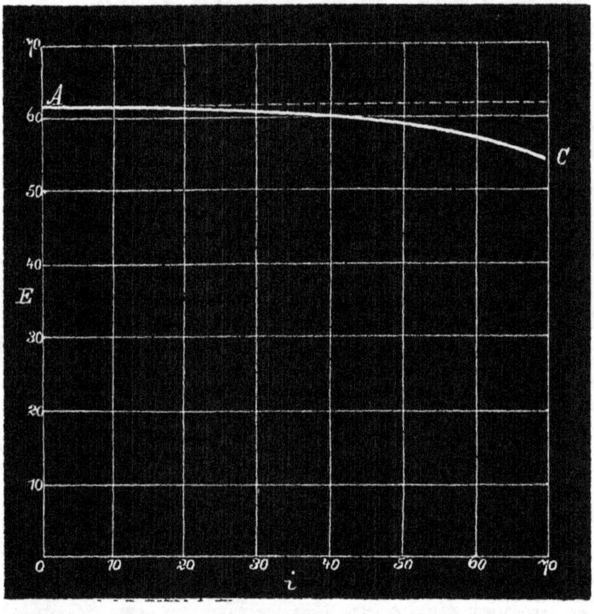

circulirenden Strömen zu suchen ist, diese Ströme aber durch die Beschaffenheit der neuerdings gebräuchlichen Ankerkerne an ihrer Ausbildung grösstentheils verhindert werden.

Statt der Gleichung (1) kann man, indem man für einige Grössen andere einführt, auch die Gleichung

$$E = f M n \qquad (2)$$

wahlen. Die beiden neuen hierin vorkommenden Grössen f und M sind von Frölich eingeführt worden und gehen aus den alten Grössen m, k und a in folgender Weise hervor: Von den letztgenannten drei Grössen hängen a und k ausschliesslich von der Beschaffenheit der Armatur ab; dagegen kann man m ausdrücken durch die Grösse der von einer Windung umschlossenen Flache F und durch die mittlere Dichtigkeit, h, welche die Kraftlinien in der neutralen Mittelzone des Feldes besitzen, es wird dann, wie eine einfache Erwägung lehrt,

$$m = 4\,h\,F,$$

und von den beiden Grossen h und F, in welche somit m zerlegt ist, hangt die letztere wiederum nur von der Beschaffenheit der Armatur ab; man kann sie also mit den beiden Grössen k und a, von denen dasselbe gilt, vereinigen und das Resultat dieser Vereinigung nach dem Vorgange Frölich's als Ankerconstante f bezeichnen. Man erhalt dann die Gleichung

$$E = f\,h\,n,$$

in Worten: Die elektromotorische Kraft ist das Product aus der Ankerconstante, der mittleren Dichtigkeit der Kraftlinien in der Medianebene des magnetischen Feldes und der Tourenzahl.

Die Grösse h bezeichnet Frölich mit M und nennt sie den wirksamen Magnetismus oder schlechthin den Magnetismus der Maschine, und so ergiebt sich die obige Gleichung (2).

Nächst der elektromotorischen Kraft giebt es bei jeder elektrischen Maschine noch eine Reihe von Grössen, deren Kenntniss von Wichtigkeit ist, und welche sich, nachdem jene ermittelt ist, ohne Schwierigkeit angeben lassen. Diese Grössen sind die Stromstarke i, die Polspannung e und die von der Maschine zu leistende Arbeit.

Was die Stromstärke betrifft, so ergiebt sich dieselbe einfach aus dem Ohm'schen Gesetz und der Gleichung (2), also, wenn w den Gesammtwiderstand der Schliessung bedeutet,

$$i = \frac{E}{w} = f M \frac{n}{w}. \qquad (3)$$

Die Stromstärke ist hiernach bei constantem Widerstand der Tourenzahl proportional, bei constanter Tourenzahl aber dem Widerstande umgekehrt proportional. Sind beide Grössen gleichzeitig veränderlich, so hängt die Stromstärke nur von ihrem Verhältniss ab und ist mit diesem Verhältniss proportional.

Unter Polspannung oder Klemmspannung versteht man die Differenz der elektrischen Spannungen, welche an den Stellen herrschen, wo die gesammte, der Maschine selbst angehörige Drahtleitung endet; man kann diese Punkte auch als die Enden des äusseren Theils des Schliessungskreises bezeichnen. Nach den Vorstellungen, welche dem Ohm'schen Gesetze zu Grunde liegen, ist diese Grösse ein Bruchtheil der gesammten elektromotorischen Kraft, und zwar verhält sie sich zu dieser, wie der äussere Widerstand zum Gesammtwiderstande. Nennt man die Polspannung e, den äusseren Widerstand w_a und den Widerstand des Ankers w_1, so erhält man hiernach die Formel

$$e = E \frac{w_a}{w} = f M n \frac{w_a}{w_1 + w_a}. \qquad (4)$$

In dem Falle, dass der äussere Widerstand sehr gross

gegen denjenigen des Ankers, oder die aussere Leitung überhaupt geoffnet ist, gehen die Grössen E und e in einander über, und dies ist auch der einzige Fall, in welchem man die elektromotorische Kraft einer magnet-elektrischen Maschine unmittelbar messen kann; in jedem anderen Falle muss man sie berechnen, und zwar entweder unter Annahme des Ohm'schen Gesetzes aus den gemessenen Grössen i und w oder aus den ebenfalls leicht messbaren Grössen e, i und w_1 vermöge der aus (4) abzuleitenden Gleichung

$$E = e + i w_1. \qquad (5)$$

Der letzte der Ausdrücke in Formel (4) zeigt, dass die Polspannung ebenfalls proportional der Tourenzahl ist, vom äusseren Widerstande dagegen in verwickelterer Weise abhängt. Ist derselbe nämlich verschwindend klein, so ist es auch die Polspannung; sie wächst dann anfangs mit dem äusseren Widerstande proportional, später aber langsamer als dieser, um sich schliesslich einem constanten Werthe zu nähern. Dieses Verhalten wird durch die Curve OA in Fig. 28 veranschaulicht, in welche gleichzeitig auch die Abhängigkeit der Stromstärke vom äusseren Widerstande (Curve CD, gleichseitige Hyperbel) eingetragen ist. Die Ordinaten der Curve für e sind dabei überall die w_a-fachen derjenigen für i.

Von besonderer Wichtigkeit für die Praxis ist die Betrachtung der Arbeitsleistung der Maschine. Es kommen hierbei drei verschiedene Grössen in Betracht, nämlich die pro Secunde aufgewandte Arbeit oder der ihr an Grösse gleiche elektrische Gesammteffect, ferner der einen Theil derselben ausmachende, nach Abzug der in der Maschine stattfindenden Verluste übrig bleibende elektrische Nutzeffect und endlich das Verhaltniss des letzteren zum ersteren, der sogenannte Wirkungsgrad oder das Guteverhaltniss. Bezeichnet man diese Grössen mit L, l und λ, so hat man

Fig. 28.

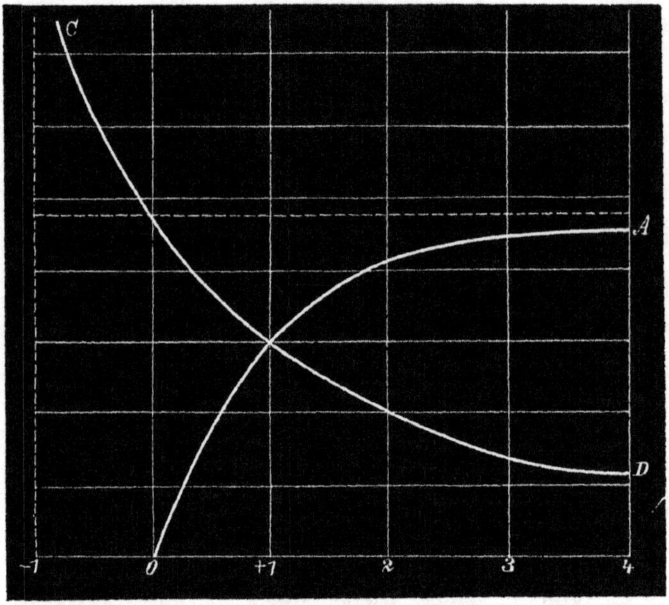

$$L = i^2 w = E i = \frac{E^2}{w},$$

$$l = i^2 w_a = e i = E^2 \frac{w_a}{w^2} = E^2 \frac{w - w_1}{w^2},$$

$$\lambda = \frac{l}{L} = \frac{e}{E} = \frac{w_a}{w} = \frac{w - w_1}{w}.$$

Der Wirkungsgrad einer magnet-elektrischen Maschine ist also gleich dem Verhältniss der Klemmspannung zur elektromotorischen Kraft oder gleich dem Verhältniss

Fig. 29.

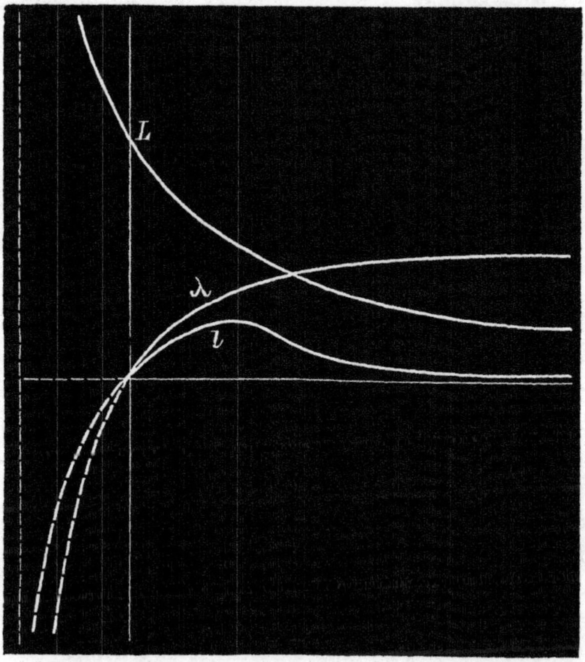

des äusseren Widerstandes zum Gesammtwiderstande. In Fig. 29 sind die drei Grössen L, l, λ als Functionen von w dargestellt. Der totale elektrische Effect liefert eine gleichseitige Hyperbel mit der Abscissenaxe als Asymptote, er nimmt also mit wachsendem Widerstande stets ab.

Dagegen nimmt der Nutzeffect bis zu

$$w = 2\,w_1 = 2\,w_a, \text{ also } w_1 = w_a$$

zu, erreicht hier seinen Maximalwerth und nimmt nunmehr ab. Der Wirkungsgrad endlich nimmt mit wachsendem Widerstande anfangs schnell, spater langsamer zu und erreicht seinen Maximalwerth 1 (100%) erst für $w = \infty$.

IV.

Gesetze der Magnete und Elektromagnete.

Von dem magnetischen Felde einer Magnetmaschine war bisher nur insofern die Rede, als zur Charakterisirung seiner Stärke die Dichtigkeit seiner Kraftlinien eingeführt wurde, oder auch der mit dieser identische Magnetismus der Maschine. Dagegen ist von der Art der Herstellung des Feldes noch gar nicht die Rede gewesen. Die Gesetze oder Regeln, welche hierbei in Betracht kommen, sollen uns jetzt beschäftigen.

Das magnetische Feld kann entweder durch permanente Stahlmagnete oder durch temporär zu magnetisirende Elektromagnete erzeugt werden. Bei den magnet-elektrischen Maschinen ist meist das erstere der Fall, und zwar aus dem Grunde, weil zur Herstellung von Elektromagneten galvanische Batterien erforderlich sind, die zu vermeiden doch eben der Zweck aller elektrischen Maschinen ist. Freilich ist zur Magnetisirung der Elektromagnete eine viel geringere Stromstarke erforderlich, als die Maschine, zu deren Betrieb doch auch Bewegungsarbeit herangezogen wird, erzeugt, und man wird daher an chemisch hergestellter elektromotorischer Kraft beträchtlich sparen konnen. Es kann daher in gewissen Fällen wohl zweckmässig sein, magnet-elektrische Maschinen durch Batterien zu erregen. Ein zweiter Fall, in welchem das magnetische Feld durch Elektromagnete hergestellt wird, ist der, dass man mittelst der Ströme einer auf irgend welche Weise betriebenen elektrischen Maschine kleinen Massstabes die Elektromagnete einer grossen Maschine erregt und somit diese in Betrieb setzt — ein Verfahren, welches man selbstverständlich noch weiter fortsetzen kann, und das in der That zu verschiedenen Malen, z. B. in den Maschinen von Wilde, zu praktischer Durchführung gelangt ist. Drittens endlich — und das ist der bei Weitem wichtigste Fall — wird auch bei den dynamoelektrischen Maschinen, denen der grösste Theil dieses Buches gewidmet ist, das magnetische Feld auf elektromagnetischem Wege erregt, und es ist für die Gesetze dieser Erregung als solcher gleichgiltig, dass die betreffenden elektrischen Ströme in diesem, wie übrigens schon in dem vorhergehenden Falle, nicht galvanischen, sondern inductiven Ursprunges sind.

Was zunächst die permanenten Stahlmagnete anbelangt, so ist verhältnissmässig viel über deren Herstellung, Anziehung und Tragkraft bekannt, aber sehr wenig Gesetzmässiges über die Beschaffenheit des Feldes, welches sie erzeugen. Die Herstellung der Stahlmagnete kann durch Strich oder durch starke, lange wirkende elektrische Ströme erfolgen. (Das Nähere sehe man in

Band I dieser Sammlung, Cap. 4.) Die Intensitat des erzeugten Feldes hängt, wie man häufig zu sagen pflegt, von dem magnetischen Momente der Stahlmagnete ab; ein Ausdruck, unter welchem man bekanntlich das Product des absoluten Werthes der Polstarke in den Polabstand versteht. Man kann diese Grösse sehr leicht ermitteln, indem man den betreffenden Magnetstab in ein gleichförmiges, anderweitig erzeugtes Feld bringt und den Winkel bestimmt, welchen eine kleine Magnetnadel unter dem Einflusse der das Feld erzeugenden Kraft und der des Stabes mit den Richtungen beider bildet. Hierbei ist jedoch vorausgesetzt, dass der Magnet eine geradlinige Achse habe und die Entfernung zwischen Magnet und Nadel gross sei. Für die Zwecke der Untersuchung der Gesetze eines magnetischen Feldes hat diese Methode aus den verschiedensten Gründen wenig Werth, ja überhaupt hat es hier keinen Sinn, von einer Abhängigkeit der Intensität des Feldes von Polstärke und Poldistanz der Magnete zu sprechen. Die wesentlichsten dieser Gründe sind folgende:

Erstens ist das Feld der elektrischen Maschinen kein gleichförmiges, meist sogar höchst ungleichförmig; zweitens sind die magnetischen Kräfte, um welche es sich hier handelt, so beträchtlich, dass die Vergleichung mit einer anderen Kraft, welche ein gleichförmiges Feld erzeugt, z. B. mit der Horizontalcomponente des Erdmagnetismus, zu keinem irgendwie brauchbaren Resultate führen würde; drittens haben die Feldmagnete der elektrischen Maschinen fast stets gekrümmte Axen, und viertens sind die Luftabstände der verschiedenen

Pole stets sehr klein, das Feld ist auf einen moglichst knappen Raum zusammengedrängt.

In Folge dieser und anderer Umstände wird das Problem hier ein völlig anderes. Dasjenige, worauf es im Wesentlichen ankommt, und wovon die Intensitat des magnetischen Feldes an seinen verschiedenen Stellen abhängt, ist hier zweierlei: Die Vertheilung des freien Magnetismus in den einzelnen Feldmagneten und die Anordnung dieser letzteren im Felde. Neben der zweckmässigsten Construction der Armatur ist die zweckmassigste Wahl und Anordnung der Feldmagnete das wichtigste Problem für den Erbauer elektrischer Maschinen. Leider lassen sich nach dem heutigen Stande der Wissenschaft nur wenige allgemeine Regeln in dieser Hinsicht angeben. So weiss man bekanntlich, dass der freie Magnetismus eines Magnetes sich von der Mitte nach den Polen zu in steigendem Masse anhäuft und dass folglich auch die magnetische Wirkung, also für unser Problem das magnetische Feld, in der Umgebung der Pole am stärksten ist. Hiernach hat man die Magnete so anzuordnen, dass ihre Pole den von der Armatur eingenommenen Theil des Feldes moglichst dicht umschliessen. Bei den Trommelmaschinen ist dies in hohem Grade möglich; bei den Ringmaschinen ist der innere Hohlraum in dieser Beziehung, um so zu sagen, todter Raum, es sei denn, dass man, wie thatsachlich zuweilen geschehen, auch in diesen Hohlraum Magnetpole legt. Für die mittleren Theile der Feldmagnete ist die Nähe zur Armatur unwesentlich, und man wird dies benützen können, um den Magneten durch gehörige Längsausdehnung ein betrachtliches Moment zu verleihen.

Bei dieser Gelegenheit möge auch gleich auf die Frage des Materiales hingewiesen werden, weil dieselbe nicht nur auf die Grösse, sondern auch auf die Vertheilung des Magnetismus von massgebendem Einflusse ist. In ersterer Hinsicht stehen der harteste Stahl und das weichste Eisen einander diametral gegenüber, insofern jener den kräftigsten permanenten, dieses den kräftigsten temporären Magnetismus entwickelt. Harter Stahl ist hiernach für Magnetmaschinen, weiches Eisen für Dynamo- und andere durch Ströme getriebene Maschinen das geeignete Material.

Was andererseits die Vertheilung des freien Magnetismus in einem Magnetstabe betrifft, so ist zwar die Curve, welche diese Vertheilung veranschaulicht, stets eine Kettenlinie; aber in der Gleichung derselben

$$y = k^{-x} + k^{-(l-x)},$$

in welcher l die Länge des Stabes bedeutet, hat die Constante k einen desto grösseren Werth, je härter (im magnetischen Sinne des Wortes) das Material ist. Physikalisch bedeutet dies, dass sich der, hauptsächlich in den Polen angehäufte freie Magnetismus beim weichen Eisen in beträchtlicherem, beim harten Stahl in weit geringerem Grade nach der Mitte des Magneten hin erstreckt. Die Kettenlinie ist demgemäss, wie Fig. 30 zeigt, beim Eisen sanft und flach, beim Stahl steil herabhängend.

Die Gestalt endlich, welche man den Feldmagneten zu geben hat, wird stets eine mehr oder weniger hufeisenförmige sein müssen, weil nur bei dieser die entgegengesetzten Pole einander dicht gegenübertreten. Im Uebrigen ist man darauf angewiesen, experimentell zu ermitteln, wie man durch Wahl der Einzelheiten die Beschaffenheit des Feldes günstig beeinflussen kann. Hierbei dient dasselbe Verfahren, welchem die elektrischen Maschinen ihr praktisches Dasein verdanken: die Bewegung von Spulen durch das Feld; in manchen

Fig. 30.

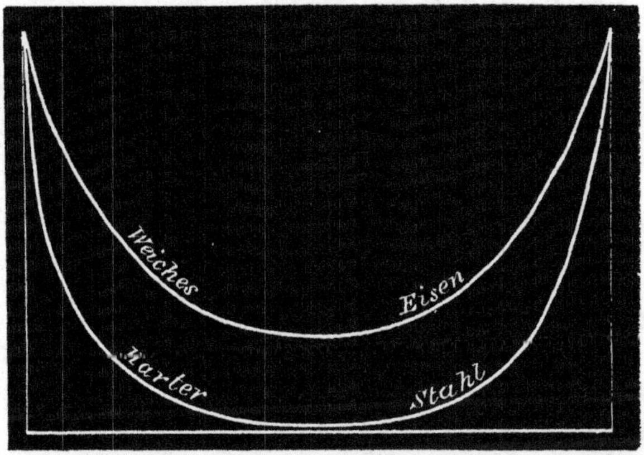

Fällen kann auch die graphische Methode, d. h. die Construction der Kraftlinien, die freilich meist nur angenähert möglich ist, gute Dienste leisten. Da aber beide Methoden schwierig und zeitraubend sind, so weiss man noch sehr wenig selbst über die wichtigsten hierhergehörigen Fragen, z. B. über die Frage, inwieweit die Vergrösserung der Dimensionen einer magnet-elektrischen Maschine vortheilhaft ist (in vielen Fallen ist sie es nicht), über die Frage, bis zu welchem Grade man die Feldmagnete in Lamellen zerlegen soll, nach Art des Jamin'schen Blattermagneten, uber die Frage, ob viele Pole vortheilhafter seien, als wenige, und über zahlreiche andere Fragen.

Im Wesentlichen gilt das Gesagte in gleicher Weise von Stahlmagneten wie von Elektromagneten. Fur letztere tritt nun aber zu der Frage nach der Abhängigkeit des magnetischen Feldes von Stärke und Anordnung der Magnete noch die andere nach der Abhängigkeit eben dieser Stärke des Magnetismus von der Stärke des erregenden Stromes und den geometrischen Verhaltnissen der Eisenkerne und ihrer Umwickelungen. Und auch hier ist man mangels einer für praktische Fälle brauchbaren Theorie auf die empirische Feststellung angenäherter Gesetze angewiesen.

Das magnetische Moment, welches Eisenmassen unter der Wirkung der ihre Umwickelungen durchfliessenden elektrischen Ströme temporär annehmen, hängt sowohl von der Grösse, wie von der Gestalt dieser Eisenmassen ab. In Bezug auf die Abhängigkeit von der Grösse gelten zwei Sätze von grosser Allgemeinheit, deren ersterer sich auf beliebig gestaltete Eisenmassen bezieht und von W. Thomson herrührt. Derselbe lautet: Einander ähnliche und auf ähnliche Weise umwickelte Eisenmassen von verschiedenen Dimensionen rufen in ähnlich gelegenen Punkten der Felder gleiche magnetische Kräfte hervor, wenn die Längen der Drahtwickelungen sich wie die Quadrate der linearen Dimensionen der Eisenkerne verhalten.

Der andere, zunachst nur für cylindrische Stabe, naherungsweise aber auch für andere Formen giltige Satz sagt aus, dass der temporäre Magnetismus von Eisenstaben ihrer Masse proportional ist, von ihrer Grösse im Uebrigen unabhangig, dagegen desto grösser ist, je gestreckter die Gestalt der Stabe ist. Dass der erste Theil dieses letzteren Satzes mit dem Thomson'schen Satze in Einklang steht, erkennt man leicht, wenn man erwagt, dass die Wickelungslange, obgleich scheinbar linear, doch in Wirklichkeit eine Grösse von zwei Dimensionen ist, weil die Lange einer Windung mit dem Durchmesser, die Zahl der Windungen aber mit der Länge wachst, dass also die obigen, den Quadraten der linearen Dimensionen proportionalen Wickelungslangen die Wickelungen selbst, gerade wie alle übrigen Vergleichsgrössen, einander ähnlich machen. Ebenso kommt die im zweiten Theile des Satzes festgestellte Zunahme des Magnetismus mit zunehmender Gestrecktheit der Gestalt zum grossen Theile auf Rechnung des Umstandes, dass ein gestreckter Stab unter gleichen Umständen günstiger umwickelt werden kann, als ein gedrungener von gleicher Masse, und zwar deshalb, weil, wenn die Länge in einem gewissen Verhaltniss wächst, behufs gleichbleibender Masse der Querschnitt in demselben Verhältniss, der für die Länge einer Windung massgebende Durchmesser folglich nur im Quadratwurzel-Verhältniss abnehmen darf. Zum andern Theil kommt den gestreckteren Magneten alsdann auch der schon oben bei den Stahlmagneten erwähnte Einfluss des grösseren Polabstandes zu statten.

So einfach diese, den Einfluss von Grosse und Gestalt feststellenden Satze sind, so schwierig ist ihre gleichmassige Berücksichtigung in der Praxis und ihre Vereinbarung mit den, die günstigste Gestaltung des Feldes betreffenden Erfordernissen. So erweist sich namentlich eine beträchtlichere Streckung der Eisenkerne meist nicht als vortheilhaft, und dem kreisformigen Querschnitte ist zuweilen ein einigermassen elliptischer vorzuziehen.

Es bleibt uns noch übrig, den Einfluss des magnetisirenden Stromes selbst auf das temporär entwickelte magnetische Moment festzustellen. Hierbei ist zweierlei zu berücksichtigen, nämlich die Windungsverhaltnisse des den Strom leitenden Drahtes und die Starke des Stromes selbst. Der erstgenannte Punkt gehört ebenfalls zu den am wenigsten behandelten, zum grössten Theil noch offenen Fragen. Man weiss nur so viel, dass die Wirkung mit der Zahl der Windungen proportional ist, von der Weite derselben aber nur eine schwache Abhangigkeit zeigt, weil der Nachtheil der grösseren Entfernung der weiteren Windung von den Eisenmassen durch den Vortheil der grösseren Drahtlänge zum grossten Theil ausgeglichen wird. Inwieweit es aber vortheilhaft sei, die Windungen mehr in der Mitte oder mehr an den Enden zu concentriren, darüber gehen die Ansichten noch weit auseinander.

Die Abhängigkeit des temporären magnetischen Momentes von der Stromstärke ist hingegen von zahlreichen Experimentatoren untersucht worden. Das wesentliche Resultat dieser Versuche ist, dass das magnetische Moment bei sehr geringer Intensität des magnetisirenden

Stromes dieser proportional ist, bei etwas grösserer Stromstärke schneller als diese wächst, bei noch grösserer wieder in demselben Verhältnisse, schliesslich aber, wenn durch die Spirale ein starker Strom fliesst, langsamer

Fig. 31.

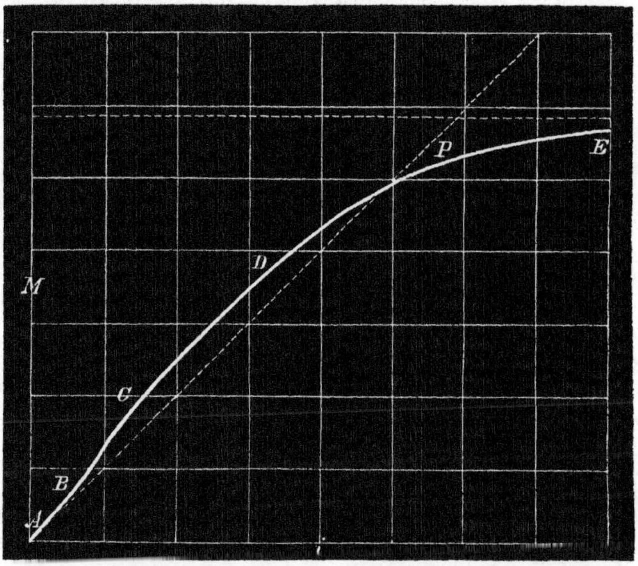

als diese zunimmt, um sich mehr und mehr einem endlichen Maximalwerthe zu nähern. Dieses Verhalten wird durch die Curve der Fig. 31 mit ihren vier Theilen *A*, *B*, *BC*, *CD* und *DE* zur Anschauung gebracht, und man erkennt durch Vergleichung mit der punktirten geraden Linie, dass die Abweichung von der Proportionalitat keine sehr beträchtliche ist, wenigstens nicht auf dem Stucke der Curve etwa bis zum Punkte P; und je dicker der zu magnetisirende Stab ist, desto grosser ist dieses Stuck.

Fur manche Zwecke genügt es hiernach, das magnetische Moment eines durch eine umgebende Spirale magnetisirten Eisens dem Producte der Stromstärke i und der Windungszahl z gleichzusetzen, und in Vielfachen dieser Einheit, welche man in absolutem Masse als Ampère-Windungen bezeichnet, zu messen; die entsprechende Formel lautet

$$m = z\,i;$$

sie ist als die Formel von Lenz und Jakobi bekannt.

Weit schwieriger ist es, die Abweichungen der Curve von der geradlinigen Gestalt durch eine Formel möglichst genau und in einer fur die Anwendung geeigneten Weise darzustellen; die zahlreichen bis jetzt vorgeschlagenen Formeln erfullen mehr oder weniger nur die eine der genannten beiden Bedingungen.

Nach der Formel von Müller besteht zwischen m und i die Beziehung

$$m = A \operatorname{arc} tg\, B\,i,$$

welche man nach S. P. Thompson auch in die neue Form

$$m = \frac{C}{tg\, D\,i}$$

bringen kann; $A\ B\ C\ D$ sind dabei von Material und Gestalt der Eisenmasse abhängige, hier nicht näher in Betracht kommende Constanten, ebenso wie alle im Folgenden mit grossen Buchstaben bezeichnete Grössen. Analoge Formeln sind von Waltenhofen, Dub, Cazin und Breguet aufgestellt worden; die Uebereinstimmung mit den Beobachtungen ist aber meist sehr roh, und das Rechnen mit den Formeln recht unbequem.

Zu erwahnen sind ferner Formeln, welche Maxwell aufgestellt hat, indem er von W. Weber's Moleculargeanschauungen und dessen auf diese bezugliche Formel ausging. Bedeutet k die moleculare Coercitivkraft, so ist nach Weber und Maxwell

$$a) \quad m = \frac{2}{3} E \frac{i}{k} \qquad \text{fur } i < k$$

$$b) \quad m = \frac{2}{3} E \qquad \text{für } i = k$$

$$c) \quad m = E\left(1 - \frac{1}{3} \frac{k^2}{i^2}\right) \text{ für } i > k$$

$$d) \quad m = E \qquad \text{fur } i = \infty \,.$$

Auch diese Formeln stellen indessen die Beobachtungen in wenig befriedigender Weise dar.

Die Formel

$$m = \frac{i}{F + Gi}$$

st ursprünglich von Robinson aufgestellt worden, hat spater vielfache Nachahmung gefunden und neuerdings besonderes Interesse dadurch erlangt, dass sie von Frolich wie unten gezeigt werden wird, seiner Theorie der Dynamomaschinen zu Grunde gelegt worden ist. Ihr Vorzug ist weniger grosse Genauigkeit als leichte Anwendbarkeit; übrigens geht sie als Specialfall aus der folgenden hervor.

Es ist dies die Formel von Lamont, deren Vortrefflichkeit erst neuerdings volle Würdigung erfahren hat. Sie lautet

$$m = M(1 - e^{-\lambda i});$$

von den beiden Constanten M und k bedeutet dabei die erstere das maximale Moment, während letztere nur von den gewahlten Einheiten abhangt. Eine erste Annaherung an diese Formel ist die Frolich'sche oder auch, wie sich durch Reihenentwickelung ergiebt, die Formel

$$m = M k i \left(1 - \frac{ki}{2}\right).$$

Endlich sei noch die neueste, hierhergehörige, von Sohncke herrührende Formel erwähnt, nach welcher

$$m = P i e^{-Q i}$$

ist, deren häufiger Anwendung indessen die Schwierigkeit der Rechnung entgegensteht.

Keine dieser Formeln giebt von dem zweiten Stücke der Curve in Fig. 31 Rechenschaft, nämlich von dem Theil BC, in welchem das Moment schneller wächst als die Stromstärke. Es hat das aber nicht viel auf sich, einmal, weil die in Rede stehende Erscheinung nur schwach ist und nicht immer auftritt, z. B. dann nicht, wenn man die Curve aus Versuchen mit abnehmenden Stromstärken bildet; und sodann, weil es nach den neueren Untersuchungen den Anschein hat, als ob es nur auf die Wahl eines möglichst gleichmässig weichen Eisens ankomme, um die Erscheinung überhaupt, wenn nicht verschwinden zu machen, so doch auf ein Minimum zu reduciren.

Bei dieser Gelegenheit erscheint es angemessen, Versuche und Methoden zu erwähnen, welche ganz neuerdings theils von v. Waltenhofen selbst, theils nach seinem Vorgange von Anderen ausgeführt worden sind. Nach diesen Versuchen kann kein Zweifel darüber sein, dass der Grad der Convexität der Magnetisirungscurve im Anfange ihres Verlaufes nach der Abscissenachse zu in sehr entschiedener Weise von der Härte abhängt und geradezu als ein Mass derselben betrachtet werden kann. v. Waltenhofen setzt demgemäss für kleine Kräfte i den Magnetismus

Fig. 32.

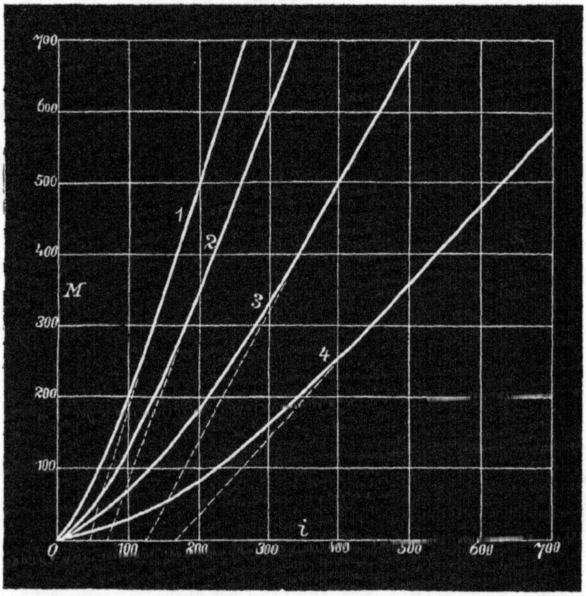

$$\text{m} = k i^{\frac{}{3}}$$

und betrachtet $\frac{1}{k}$ als Mass der Härte. Das gilt aber nur fur Stabe, deren Dicke mindestens zwanzig Mal so klein ist, wie ihre Lange. Fur gedrungene Stabe hat Zickler die Magnetisirungscurven weiter verfolgt und gefunden, dass, wenn man den auf den convexen folgenden, geradlinigen Theil dieser Curve abwarts bis zum Schnittpunkt mit der Abscissenachse verlängert, das auf diese Weise von der Abscissenachse abgeschnittene Stück ein Mass fur die Härte abgiebt. Diese Verhaltnisse werden durch die Fig. 32 veranschaulicht, in welcher die Curve 1 für weiches Eisen, 2 für Gusseisen, 3 für mittelharten Stahl und 4 für glasharten Stahl gilt.

Es möge beiläufig bemerkt werden, dass auch das Verhalten des letzten Theiles der Magnetisirungscurve eine Beziehung zum Material des Magnetisirungskörpers hat; derselbe liegt namlich nach Zickler um so höher, je geringer der Gehalt des Eisens an Kohlenstoff ist.

Für dynamo-elektrische Maschinen ergiebt sich hieraus von Neuem die Nutzanwendung, nur weiches und kohlenstoffarmes Eisen zu benützen.

V.

Dynamo-elektrische Maschinen im Allgemeinen.

Das dynamo-elektrische Princip, welches zuerst von Werner Siemens und dann unabhangig von Wheatstone entdeckt worden ist, hat die Thatsache zur Voraussetzung, dass jedes Stück Eisen in Folge der bei seiner Herstellung angewandten Verfahren, in Folge seiner Lage und in Folge seines Gebrauches eine Spur von Magnetismus besitzt. Dass es sich hierbei gerade für die zum Bau von Dynamomaschinen allein geeigneten weichen Eisensorten um eine ganz minimale Intensitat des vorhandenen Magnetismus handelt, spielt für das Princip durchaus keine Rolle; es genugt selbst eine der Beobachtung nicht mehr zugangliche Menge. Dies vorausgesetzt, beruht der dynamo-elektrische Vorgang auf einer sich fortwahrend wiederholenden Wechselwirkung, deren einzelne Phasen jedoch so kurz dauernd sind und so rasch auf einander folgen, dass meist schon nach ganz kurzer Zeit, d. h. nach einer oder einigen Secunden das dynamo-elektrische Gleichgewicht erreicht ist.

Die wesentlichen Theile einer dynamo-elektrischen Maschine sind die weichen Eisenmassen des Feldes, die weiche Eisenmasse der Armatur und drittens — und das ist hier das Charakteristische — eine einzige, sei es nun unverzweigte oder verzweigte Drahtschliessung, welcher sowohl die Umwickelung der Elektromagnetkerne, als auch die des Armatureisens, ausserdem aber der Collector und der aussere Apparat angehort.

Der Vorgang beginnt damit, dass in dem Momente, in welchem die Maschine in Gang gesetzt wird, in der bezeichneten Schliessung ein Strom entsteht, dessen Starke der Grosse des in den Eisenmassen schon vorhandenen Magnetismus entspricht. Vor der erstmaligen Benützung einer Maschine ist dieser Strom daher äusserst schwach, bei wiederholter Benutzung jedoch stärker, weil die Maschine eben in Folge des Gebrauches einen gewissen, nicht ganz unbetrachtlichen Magnetismus behalt, welcher nach fortgesetztem Gebrauch gewöhnlich einen constanten Werth annimmt. Man nennt diese Grösse den remanenten Magnetismus der Maschine. Auf die betrachtete Strombildung folgt nun der zweite Theil der Wechselwirkung, nämlich die Verstärkung des, den Eisenkernen innewohnenden Magnetismus durch den eben erzeugten, die Schenkelwindungen durchfliessenden Strom. Damit aber eine derartige Verstarkung des Magnetismus eintrete, ist es nothwendig, dass der erzeugte Strom die Schenkel in demselben Sinne magnetisire, in welchem sie schon vorher, wenn auch schwach, magnetisirt waren. Zu diesem Zwecke muss der Strom eine bestimmte Richtung haben, und diese Richtung hängt ihrerseits ab einerseits von der Art der Verbindung des Armaturdrahtes mit dem Schenkeldrahte und andererseits von dem Sinne der Drehung, welche man der Armatur ertheilt hat. Da jene Verbindung im Allgemeinen fest gegeben ist, so muss man diese Drehungsrichtung passend wählen, um die Selbsterregung oder das Angehen der Maschine zu bewirken; thut man das nicht, so hat man zu befürchten, dass der Strom den vorhandenen Magnetismus, statt ihn zu verstärken, schwäche; und in dem Momente, in welchem er gänzlich vernichtet ist, verschwindet auch der Strom, und die Maschine ist gänzlich unwirksam. Es ist dies eine der Ursachen, aus welchen neue Maschinen nicht selten versagen; ja es kommt auch bei älteren Maschinen vor, wenn dieselben durch Erschütterungen beim Transport ummagnetisirt worden sind oder eine der Selbsterregung ungünstige Aufstellung haben. Bei der erstmaligen Aufstellung und der weiteren Behandlung einer dynamo-elektrischen Maschine hat man somit diesen Umständen Rechnung zu tragen.

Der geschilderte, aus den beiden Phasen der Strombildung und der Magnetisirung sich zusammensetzende Vorgang wiederholt sich nun so oft, bis der Magnetismus und damit auch die Stromstärke einen constanten, der betreffenden Drehungsgeschwindigkeit entsprechenden Grenzwerth erreicht hat und somit das dynamoelektrische Gleichgewicht hergestellt ist. Dieser Gleichgewichtszustand ist es, welcher uns in den folgenden Capiteln ausschliesslich beschäftigen wird.

Es ist von verschiedenen Seiten mittelst elektrischer Pendel, graphischer und anderer Methoden untersucht worden, wie lange es dauert, bis das Gleichgewicht erreicht ist, und es hat sich dabei ergeben, dass es sich hier um zwar überraschend kleine und für die Praxis nicht in Betracht kommende, der Messung aber durchaus zugängliche Zeiten handelt, nämlich je nach den Umständen, um eine halbe bis zu einigen Secunden. Die eingehendsten Versuche sind in dieser Beziehung von Herwig, Stern und Frölich angestellt worden. Der Zweitgenannte erhielt für eine kleine Gramme'sche Maschine unter Anderem folgende Resultate.

Erste Reihe: Tourenzahl constant gleich 1150.

a) Widerstand gleich 1·757 S E.

Nach den folgenden, in tausendstel Secunden angegebenen Zeiten waren die Stromstarken die danebenstehenden.

t	*i*	*t*	*i*
0·013	4·15	0 367	54·3
0·114	15·1	0·446	77·8
0·169	20 9	0 503	79 3
0 233	33 4	0 761	74·4
0 311	44 7		

b) Widerstand gleich 2·911 S. E.

t	*i*	*t*	*i*
0·013	2·48	0·367	30·7
0·114	8·5	0·446	39·8
0·169	11 8	0·503	46·2
0·233	17·7	1·429	55 1
0·311	24·9	2·332	57 4

c) Widerstand gleich 4·14 S. E.

t	i	t	i
0·013	1·91	0·604	26·8
0·114	6·07	1·074	32·6
0·233	10·3	1·429	37·6
0·311	12 7	2·332	39 9
0·367	16·3	3·100	42·3
0·446	21·3		

d) Widerstand gleich 8·756 S. E.

t	i	t	i
0·013	2·4	0·761	5·1
0·114	4·0	1·074	5·1
0·311	4·7	2·332	5·6
0·446	5·1	3·100	5 5

Zweite Reihe: Widerstand constant gleich 3·456 S. E

a) Tourenzahl gleich 132.

t	i	t	i
0·013	0·40	1·074	0·86
0·233	0·82	2·332	1·07
0·446	0·91	4·900	0·92

b) Tourenzahl gleich 265.

t	i	t	i
0·013	0·95	1·074	2·08
0·114	1·78	2·332	2·33
0·233	1·74	4·100	2·27
0·446	2·06		

c) Tourenzahl gleich 500.

t	i	t	i
0·013	1·30	0·604	4·18
0·114	2·96	0·761	4·44
0·233	3·74	2·332	4·38
0·446	4·06	4·100	4·25

d) Tourenzahl gleich 1550.

t	i	t	i
0·013	3·71	0·761	40·0
0·114	9·1	1·429	43·3
0·233	15·6	2·332	43·7
0·367	24.1	4·100	45·3
0·503	32·9		

e) Tourenzahl gleich 3350.

t	*i*	*t*	*i*
0·013	8·54	0·233	88·9
0·114	38·5	0·311	103·5
0·169	68·9	0·446	105·8

Diese Resultate sind in den Fig. 33 und 34 zur Anschauung gebracht, und zwar enthalt Fig. 33 die Versuche der ersten, Fig. 34 die Versuche der zweiten Reihe; die Stellen, welche dem erreichten Gleichgewichtszustande entsprechen, sind durch grosse Punkte hervorgehoben. Wie man sieht, ist die Dauer des Angehens eine desto geringere, erstens, je kleiner der Widerstand ist und zweitens, je grösser die Tourenzahl ist. Genaueres lässt sich nicht feststellen, weil die Methode einer nicht unbedeutenden Fehlerquelle ausgesetzt ist; wird nämlich zuerst die Stromleitung geschlossen und dann mit der Drehung begonnen, so lässt sich weder bei Handbetrieb noch bei Dampfbetrieb sofort die gewünschte Tourenzahl herstellen; dieselbe steigt vielmehr wahrend einer gewissen Zeit an, welche zwar klein, aber mit den hier in Betracht kommenden Zeiten vergleichbar ist. Man muss also bei offener Leitung die Maschine in Gang setzen, stösst aber dann auf eine ahnliche Schwierigkeit, weil im Momente des Leitungsschlusses plötzlich eine grössere Arbeit aufgewandt werden muss, um die Tourenzahl auf der hergestellten Höhe zu erhalten.

Aehnliche Curven wie die hier dargestellten sind bei Siemens und Halske mit Hilfe eines Russschrei-

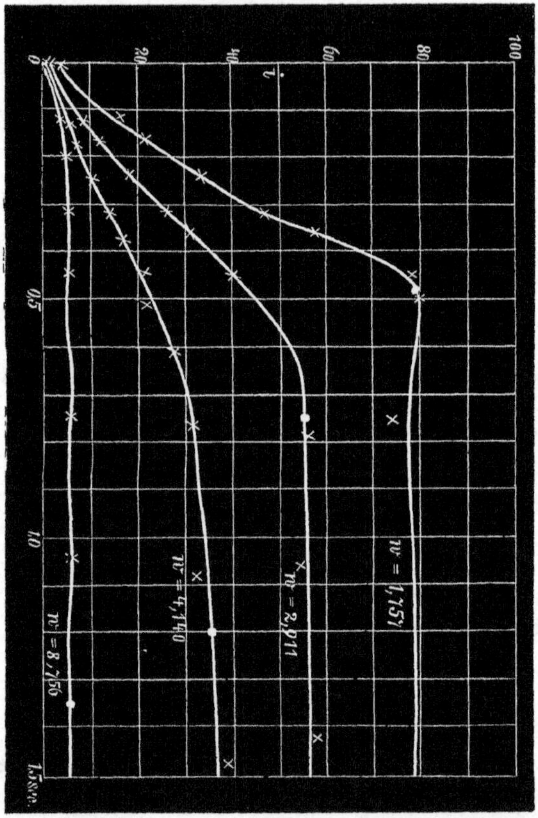

Fig. 33.

bers unmittelbar aufgezeichnet und von Frolich zur Prüfung einer von ihm über die Selbsterregung der dy-

dynamo-elektrischen Maschinen entwickelten Theorie benutzt worden. Was die Grundlagen einer solchen Theorie

Fig. 34.

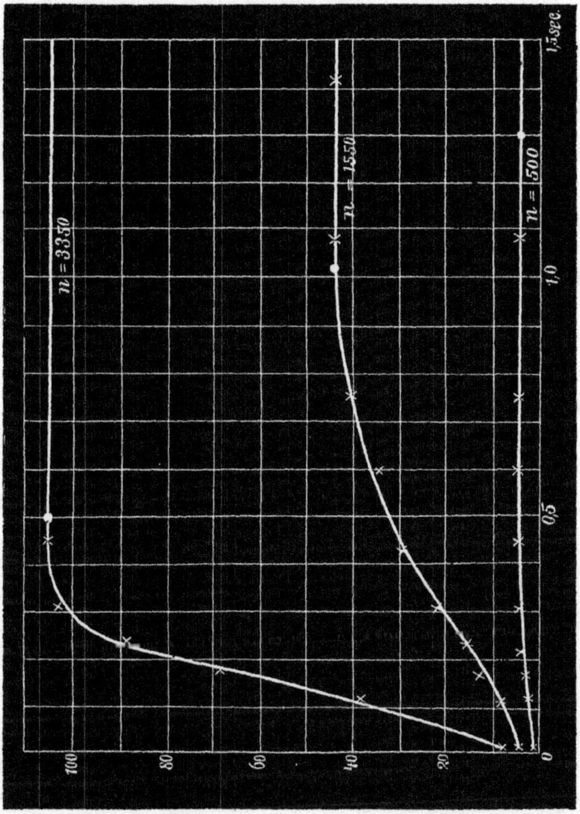

betrifft, so ist zunächst klar dass es sich darum handelt, ob einerseits die Strombildung und andererseits die

Entwickelung des Magnetismus einen Antheil an der Dauer des Angehens habe. In Bezug auf die Strombildung ist dies in Anbetracht der fast momentanen Schnelligkeit, mit welcher sie sich vollzieht, absolut zu verneinen. Ob dagegen auch die Zeitdauer der Magnetisirung, wie Frölich meint, zu vernachlässigen sei, erscheint mindestens zweifelhaft. Wahrscheinlich theilt sie sich in die erzeugte Wirkung mit der dritten Ursache, welche Frölich ausschliesslich seiner Theorie zu Grunde legt. Ebenso nämlich, wie in einer Spule durch Bewegung im magnetischen Felde Ströme inducirt werden, ist dies auch dann der Fall, wenn die Spule ruht, aber der Magnetismus der Feldmagnete sich ändert. Dies ist aber während des Angehens einer dynamo-elektrischen Maschine der Fall, so dass sich hier die Ströme der einen mit denen der andern Art combiniren Die beiden Glieder dieser Summen haben jedoch entgegengesetzte. Vorzeichen, was man am leichtesten durch die Erwägung begreift, dass es der durch Bewegung inducirte Strom ist, welcher den Magnetismus verstärkt, und dass der Sinn der Rückwirkung dieser Verstärkung dem Sinne der Wirkung naturgemässer Weise entgegengesetzt sein muss.

Die Theorie und die Endformel Frölich's, welche den Einfluss dieser Aenderungsströme in Rechnung ziehen, brauchen hier nicht angeführt zu werden, theils ihrer verwickelten Natur und mühseligen Anwendbarkeit halber, theils weil sie die Beobachtungen, wie zugegeben wird, nur unvollkommen wiedergeben; es ist auch nach dieser Theorie, um nur Eines anzuführen, nicht einzusehen, warum die Dauer des Angehens, wie die Versuche zeigen, bei kleinerem Widerstande eine kürzere sein sollte, als bei grösserem; eher müsste das Umgekehrte stattfinden.

Von nun an soll uns ausschliesslich der definitive Zustand der im Betriebe befindlichen dynamo-elektrischen Maschine beschaftigen. Für diesen wird es sich im Wesentlichen um die Ermittelung der Beziehungen handeln, welche zwischen den in Betracht kommenden Grossen bestehen, also zwischen der Stromstarke, der elektromotorischen Kraft, dem Widerstande, dem Magnetismus und der Tourenzahl, wozu dann spater noch die Arbeitsgrossen hinzukommen. Von der Stromstärke ist schon oben (S. 46) gezeigt worden, dass sie zwar nicht streng, bei genügend grosser Zahl der Armaturspulen jedoch insoweit constant ist, dass man sie unbedenklich dem Ohm'schen Gesetze unterwerfen darf. Nur ist dabei zu beachten, dass bei einer Dynamomaschine die elektromotorische Kraft nicht, wie bei einer Batterie, eine constante Grösse, auch nicht, wie bei der magnet-elektrischen Maschine, nur von einer mechanischen Variabeln, nämlich der Tourenzahl abhängig ist; dass sie vielmehr hier auch von einer elektrischen Grösse, nämlich von dem Widerstande der Schliessung, mitbedingt wird. Man kann insofern die Sachlage daher auch anders auffassen und sagen, dass hier an die Stelle des Ohm'schen Gesetzes ein anderes trete oder, noch richtiger, andere, weil dieses Gesetz fur die verschiedenen Classen der Dynamomaschinen, wie wir sehen werden, verschiedene Formen annimmt.

Ueber die dritte der elektrischen Grössen, den Widerstand, ist hier gleich noch eine Bemerkung vorauszuschicken. Dieser Widerstand setzt sich namlich zusammen aus dem Widerstande der Schenkelwindungen und aus demjenigen der Armatur- oder Ankerwindungen. Dem letzteren nun gilt die in Rede stehende Bemerkung. Es ist nämlich von Cabanellas beobachtet worden, dass der Widerstand des Ankers im Zustande der Bewegung grösser ist, als im Zustande der Ruhe. Ayrton und Perry haben diese Erscheinung später genauer verfolgt und für einen Gramme'schen Ring folgende Zahlen erhalten:

Tourenzahl	Widerstand	Tourenzahl	Widerstand
0	1·768	1300	1·920
670	1·800	1490	1·995
825	1·810	1770	2·060
1050	1·900	2230	2·200

Die Zunahme des Widerstandes ist also eine recht beträchtliche und überdies, wie man sieht, fur grossere Tourenzahlen mit der Zunahme derselben proportional; für kleine Tourenzahlen allerdings viel kleiner.

Die Erklarung der Erscheinung ist nach Joubert in dem Umstande zu suchen, dass in dem Augenblicke, wo eine Armaturwindung die neutrale Zone des Feldes passirt, die Stromrichtung in ihr umgekehrt wird. Hierzu wird nun ein Theil der verfügbaren Arbeit erfordert, dieser Betrag geht nach aussen verloren, und der Verlust giebt sich in einer scheinbaren Zunahme des Widerstandes zu erkennen. Es würde an dieser Stelle zu weit fuhren, zu zeigen, dass diese Erklärung auch von der Proportionalität mit der Geschwindigkeit Rechenschaft giebt. Für die Praxis wird es meistens genügen, einen mittleren Ankerwiderstand zu Grunde zu legen und von diesem eventuell noch für kleine Tourenzahlen 5—10% abzuziehen, für grosse ebensoviel hinzuzufügen.

Auf die Lage der eben erwähnten neutralen Zone muss hier, nach dem schon oben (S. 49) Bemerkten noch einmal zuruckgekommen werden. Ursprunglich senkrecht gegen die Verbindungslinie der Pole gelegen, dreht sich dieselbe, wenn der Anker rotirt, in der Richtung dieser Rotation nach vorn, und man muss die Bürsten entsprechend verstellen, um das Maximum der Stromstärke zu gewinnen. Hierüber hat Stern eine Reihe von Versuchen angestellt, welche sowohl die günstigste Bürstenstellung, also den unter den obwaltenden Umständen zu wählenden Neigungswinkel φ der Bürstenlinie gegen die geometrische Mittellinie des Feldes zu ermitteln gestatten, als auch erkennen lassen, in welchem Masse die Stromstarke bei Aenderung dieses Winkels variirt. Diesem Zwecke dienen folgende Tabellen:

a) Tourenzahl 671, Widerstand 3·07 S. E.

φ	i	φ	i
0·00°	167·3	18·75°	251·8
3·75°	211·8	22·50°	220·0
7·50°	225·2	26·25°	212·3
11·25°	248·4	30·00°	180·8
15·00°	245·3		

b) Tourenzahl 1720, Widerstand 7·75 S. E.

φ	i	φ	i
11·25°	792·6	26·25°	848·9
15·00°	833·3	30·00°	841·9
18·75°	847·6	33·75°	828·4
22·50°	837·8?	37·50°	815·9

Wie man sieht, ist der Einfluss der Bürstenstellung ein sehr bedeutender, und namentlich würde man bei Belassung der Bürsten in der geometrischen Mittellinie des Feldes, wie die erste Reihe zeigt, etwa ein Drittel der Stromstärke verlieren. Für den Winkel, welcher die günstigste Bürstenstellung charakterisirt, ergeben die obigen und andere hier nicht mitgetheilte Versuchsreihen, dass derselbe vom Widerstande nicht merklich abhängt, wohl aber von der Tourenzahl, und zwar in der durch die folgenden Zahlen dargestellten Weise.

Tourenzahl	φ (i = max.)
495·3	15·0°
671·5	16·5°
1254·0	19·0°
1720·5	22·5°

Auffallend ist hierbei, dass zwar die Zunahmen der beiden aufeinander bezogenen Grossen proportional sind, nicht aber diese Grössen selbst, sondern für die kleinste der hier angegebenen Tourenzahlen ist φ verhältnissmässig viel grösser als für die grösste; es ist daher anzunehmen, dass bei wachsender Stromstarke der Bürstenwinkel anfangs viel rascher wachst als spater.

Schliesslich ist hier noch die Art und Weise der Verbindung zu erörtern, welche zwischen den Ankerwindungen und den Schenkelwindungen besteht.

1. Das Nachstliegende ist hier wie bei Batterieelementen die Hintereinanderschaltung beider Theile der Leitung oder, wenn man den äusseren Kreis hinzunimmt, aller drei Theile der Leitung, wobei jedoch nicht zu übersehen ist, dass die beiden Hälften des Ankers selbstverständlich hier wie stets nebeneinander geschaltet sind. Man nennt diese Schaltung »directe oder Hauptschlussschaltung«, und eine so construirte Maschine »gewöhnliche Dynamomaschine«, »Hauptschlussmaschine« oder »Maschine mit directer Schaltung«.*) Sie ist in Fig. 35 (schematisch und ausgeführt) dargestellt; 1 bedeutet den Anker, 2 die Schenkelwindungen, 3 den ausseren Kreis.

2. Unter gewissen Umstanden wird es nach Analogie der im ersten Capitel angestellten Betrachtungen zweckmässiger sein, die drei Theile der Leitung neben

*) Der englische Ausdruck »Serienmaschine« verdient kaum ins Deutsche ubertragen zu werden.

einander zu schalten, so dass die Ankerwindungen, die Schenkelwindungen und der aussere Kreis drei Verbindungslinien derselben beiden Punkte sind. Da der Anker als der eigentliche Sitz der elektromotorischen Kraft zu betrachten ist, so hat man hier zu sagen: die

Fig. 35.

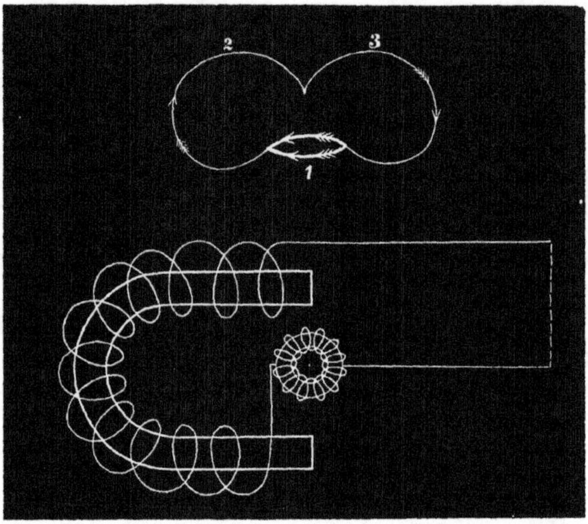

Schenkelwindungen liegen im Nebenschluss zum äusseren Stromkreise. Diese Schaltung heisst die »Nebenschlussschaltung« und mit ihr versehene Maschinen demzufolge »Nebenschlussmaschinen« (englisch Shuntmachine). Sie ist in Fig. 36 dargestellt; ihre Idee rührt von Wheatstone, ihre erste praktische Ausführung von William Siemens her.

Andere Schaltungen als die reine Hintereinander- und die reine Nebeneinanderschaltung sind hier nicht möglich, weil nur drei Zweige zur Verfügung stehen, von denen der dritte in die von den beiden ersten gebildete unverzweigte Leitung nur entweder in einem

Fig. 36.

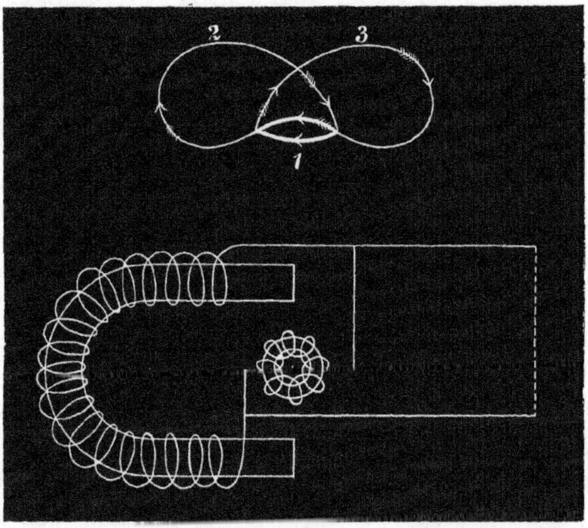

einzigen Punkte derselben oder als neues Verbindungsstück zwischen zwei Punkten derselben eingeschaltet werden kann. Der Umstand nun, dass, wie wir schon bei den Batterieschaltungen gesehen haben, gerade durch Verbindung der reinen Hauptschluss- mit der reinen Nebenschlussschaltung grosse Erfolge erzielt werden konnen, hat zu einer weittragenden Erfindung gefuhrt, welche etwa in das Jahr 1880 fällt, deren Urheberschaft jedoch von verschiedenen Seiten (Brush, Paget Higgs, Crompton und Kapp) in Anspruch genommen wird. Das Charakteristische der hier in Rede stehenden Schaltung besteht darin, dass zu den drei an sich nothwendigen Theilen der Leitung ein vierter künstlich hinzugefügt und mit seiner Hilfe entweder die Stärke oder die Constanz der in Betracht kommenden Grössen (Polspannung, Stromstärke, Arbeitsleistung) erzielt wird. Solche Schaltung nennt man »gemischte Schaltung«, die entsprechenden Maschinen aber »Maschinen mit gemischter Schaltung«, »Compoundmaschinen«, in dem zweiten der obenerwähnten Falle wohl auch »Ausgleichmaschinen«. Die Feldmagnete sind bei diesen Maschinen mit zwei getrennten Leitungen, einer von kurzem und dickem und einer von langem und dunnem Draht bewickelt. In Bezug auf die Verbindung dieser Wickelungen mit Anker und äusserem Kreis hat man jedoch zwei Fälle zu unterscheiden.

3. Man verzweigt den vom Anker gelieferten Strom derart, dass man den einen Zweig durch die dicken Schenkelwindungen und den äusseren Kreis, den andren durch die dünnen Schenkelwindungen hindurchschickt. Die »Nebenwickelung« befindet sich also hier parallel, d. h. im Nebenschluss zu dem, aus Hauptwickelung und äusserem Kreise bestehenden Zweige. (Fig. 37.) Man kann aber auch

4. zunächst die Ankerwindungen und die Hauptwickelung der Schenkel hintereinander schalten und zum unverzweigten Theile der Schliessung machen, um dann die Endpunkte dieses Theiles durch zwei Parallelschal-

tungen zu verbinden, namlich einmal durch die Nebenwickelung der Schenkel, das andere Mal durch den ausseren Kreis. Die Nebenwickelung befindet sich also hier im Nebenschluss ausschliesslich zum äusseren Kreise. Man hat hier zwei verschiedene Möglichkeiten, je nachdem man die Nebenwickelung in gleichem oder entgegengesetztem Sinne wie die Hauptwickelung um die Schenkel herumführt. Die Fig. 38 stellt den ersten, Fig. 39 den letzteren Fall dar.

Fig. 37.

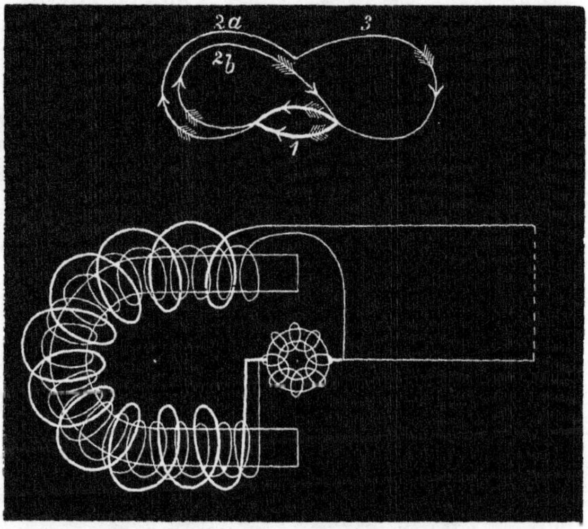

Von geringerer Wichtigkeit sind andere Combinationen, wie z. B. die von Deprez, bei welcher die Nebenwickelung von einem besonders erzeugten Strome durchflossen wird, ferner der Vorschlag von Ayrton und Perry, in den Kreis einer gewohnlichen Dynamomaschine den Anker einer magnet-elektrischen Maschine

Fig. 38.

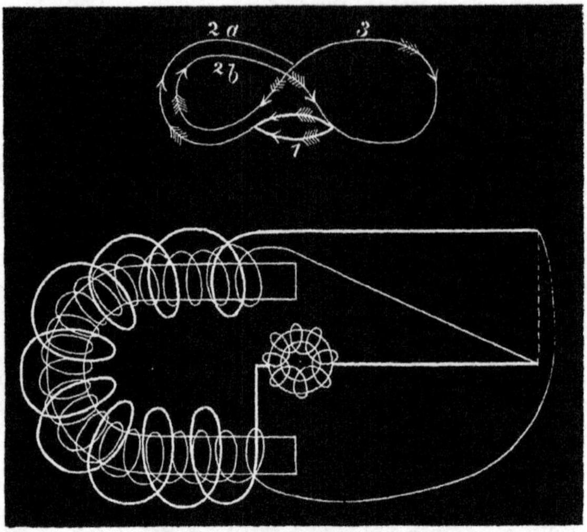

Fig. 39.

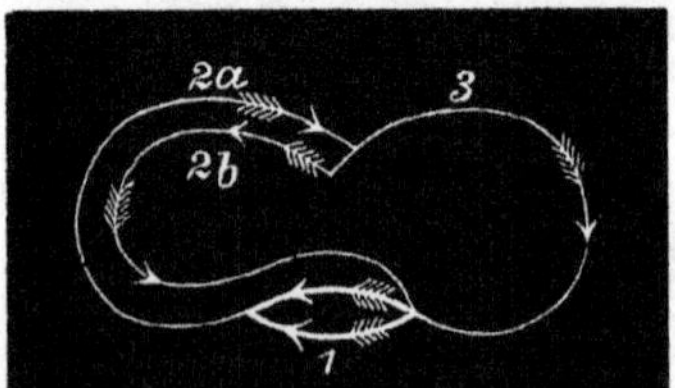

einzuschalten, endlich die Combinationen, welche dadurch entstehen, dass selbstthatige Regulatoıen in dieser oder jener Weise mit der Leitung in Verbindung gebracht werden.

Die verschiedene Schaltung der dynamo-elektrischen Maschinen giebt für deren theoretische Untersuchung das geeignetste Eintheilungsprincip ab.*)

VI

Beobachtungen an dynamo-elektrischen Maschinen.

I. Die elektrischen Grössen.

Die nächstliegende und zugleich wichtigste Aufgabe, um welche es sich bei der Untersuchung einer dynamo-elektrischen Maschine handeln kann, ist die Ermittelung der thatsachlichen Beziehung, welche zwischen der Stromstarke und der elektromotorischen Kraft als abhangigen Variabeln einerseits und der Tourenzahl und dem Widerstande als unabhangigen Variabeln andererseits besteht. Diese Aufgabe ist im Laufe des letzten Jahrzehnts insbesondere von Hagenbach, Hopkinson, Meyer und Auerbach, Frölich, Stern, Kittler u. A. m.

---

*) Für die praktische Darstellung der verschiedenen Maschinenconstructionen ist dagegen die Ankerform als Eintheilungsprincip vorzuziehen. (Vgl. Bd. I der »Elektrotechn. Bibl.«)

behandelt worden. Da die Methoden und die Resultate dieser Beobachter die meisten Punkte mit einander gemein haben, so wird es genugen, einige derselben herauszugreifen. Es sollen hierzu die Versuche von Meyer und Auerbach, Stern und Kittler gewahlt werden. Die beiden ersten dieser Reihen unterscheiden sich, was die Anordnungen betrifft, dadurch, dass jener Hand- und Dampfbetrieb, dieser nur Handbetrieb zu Grunde lag, und ferner dadurch, dass bei jener die Collectorbürsten an der ihnen vom Erbauer zugewiesenen Stelle blieben, von der sie ohnedies ohne besondere Vorbereitungen nicht entfernt werden konnten, während Stern die Bürsten nach seinen oben mitgetheilten Versuchen stets auf das Maximum der Stromstarke einstellte; principiell ist das letztere Verfahren vorzuziehen, es scheint aber praktische Unzutraglichkeiten im Gefolge zu haben. Das Gemeinsame beider Versuchsreihen liegt darin, dass es dieselben beiden Grössen waren, welche direct gemessen wurden, namlich die Tourenzahl n und der Gesammtwiderstand w. Kittler hingegen mass zwar auch die Tourenzahl direct, die zweite unabhangige Variable, w, hingegen wurde aus den beobachteten Grössen: Stromstarke und Klemmspannung, nach dem Ohm'schen Gesetze berechnet. Alle drei Maschinen hatten Ringarmatur, die erste war von Gramme, die zweite von Kröttlinger, die dritte von Schuckert.

Versuche von Meyer und Auerbach. (w in Ohms, i in Ampères.)

a) Abhängigkeit der Stromstarke von der Tourenzahl bei constantem Widerstande.

Erste Reihe: $w = 62{\cdot}8$.

n	i	n	i
111	0·0065	601	0·0475
228	0·0144	747	0·0612
352	0·0252	876	0 0727
514	0·0389	1144	0·1001

Zweite Reihe: $w = 8{\cdot}65$.

n	i	n	i
42	0·0158	321	0·1828
84	0·0324	490	0·3348
125	0·0504	642	0·598
167	0·0720	800	1·068
260	0·1325		

Dritte Reihe: $w = 1{\cdot}68$.

n	i	n	i
21	0·0439	236	4·21
31	0·0648	275	6·99
42	0·0943	302	8·92
63	0·1612	342	12·00
83	0·231	435	16·6
122	0·421	557	22·7
151	0·666	642	25·6
166	0·871	719	27·5
187	1·398	794	30·2
211	2·55	876	32·4

In Fig. 40 sind die diesen drei Versuchsreihen entsprechenden Curven dargestellt. Wie man namentlich an der obersten derselben erkennt, steigt i mit n erst proportional, dann rascher, dann wieder proportional und schliesslich allmälig immer langsamer als dieses. Es wurde auch nach einer empirischen Formel gesucht und gefunden, dass die Formel

$$n = \frac{a\,i}{b + arc\;tg\;i},$$

wenn für a und b jedesmal passende Werthe gesetzt wurden, die Versuche in ziemlich befriedigender Weise darstellte.

Fig. 40.

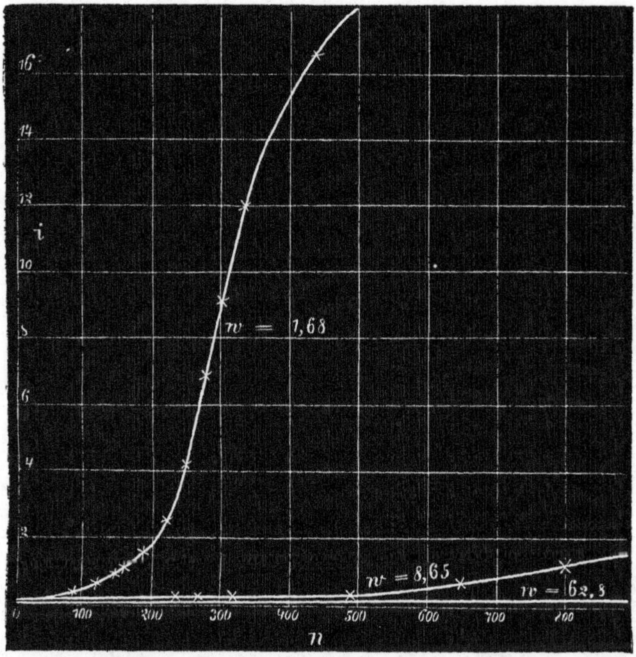

b) Abhängigkeit der Stromstärke vom Widerstande bei constanter Tourenzahl.

Vierte Reihe: $n = 167$ (Handbetrieb)

w	i	E
1·58	0·856	1·34
2·16	0·450	0·97
2·72	0·305	0·83

w	i	E
3·64	0·190	0·692
4·85	0·141	0·684
7·88	0·0813	0·640
14·01	0·0432	0·605
19·1	0·0317	0·603
38·8	0·0151	0·588
85·0	0·0065	0·563

Fünfte Reihe: $n = 422$ (Dampfbetrieb).

w	i	E
1·63	16·9	27·8
2·00	13·3	26·6
2·20	11·3	24·8
2·74	6·95	19·1
3·11	4·76	14·8
3·30	4·10	13·5
3·66	1·61	5·93
7·06	0·326	2·31
9·98	0·221	2·21
19·2	0·087	1·70
25·2	0·061	1·53
44·7	0·034	1·50
90·5	0·0166	1·50
208·7	0·0072	1·49

Sechste Reihe: $n = 824$ (Dampfbetrieb).

w	i	E
1·66	24·5	40·8
2·05	24·0	49 2
2·34	22·7	52·9
2·90	18·7	54·0
3·42	15·3	52·3
3·74	13·7	51·2
4·12	12·0	49·4
5·00	8·95	44·7
6·65	3·26	21·7
10·01	0·566	5·66
22 0	0·176	3·87
38·2	0·092	3·57
62·7	0·055	3·44
90·4	0·0374	3·37
125·0	0·0267	3·34
208·7	0 0158	3·31

Diese Versuche beweisen, dass die Stromstärke bei dynamo-elektrischen Maschinen nicht, wie es bei Batterieströmen der Fall war, dem Widerstande umgekehrt proportional ist; in der in Fig. 41 gegebenen graphischen Darstellung tritt dies nicht deutlich hervor, weil die Curven hier zwar keine Hyperbeln mehr sind, aber immer noch hyperbolischen Charakter haben. Es ist daher wichtiger, das gewonnene Resultat dahin auszusprechen, dass das Product jener beiden Grössen, die elektromotorische Kraft E, hier nicht die Bedeutung einer für eine gegebene Maschine constanten

Fig. 41.

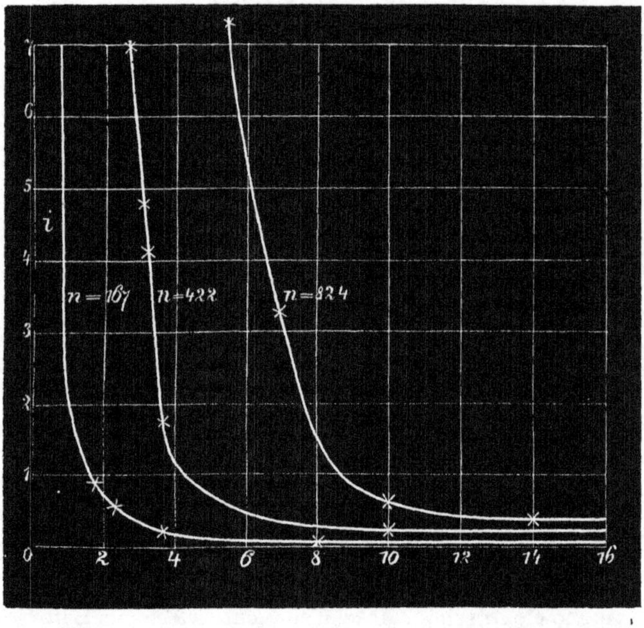

Grösse hat. Zwar giebt es, wie die Tabellen zeigen, zwei Bereiche, in deren jedem E einen annähernd constanten Werth hat, nämlich für kleine Widerstände einerseits und für grosse Widerstände andererseits. Aber diese beiden constanten Werthe von E sind erstens ausserordentlich von einander verschieden (in den Tabellen 4 bis 6 z. B. ist der grössere das 2-, 19-, 16fache des kleineren); und zweitens liegt zwischen den beiden Bereichen der Constanz ein Gebiet, in welchem E mit zunehmendem w rapide abnimmt. Die Curven der Fig. 42, welche E als Function von w für die ver-

Fig. 42.

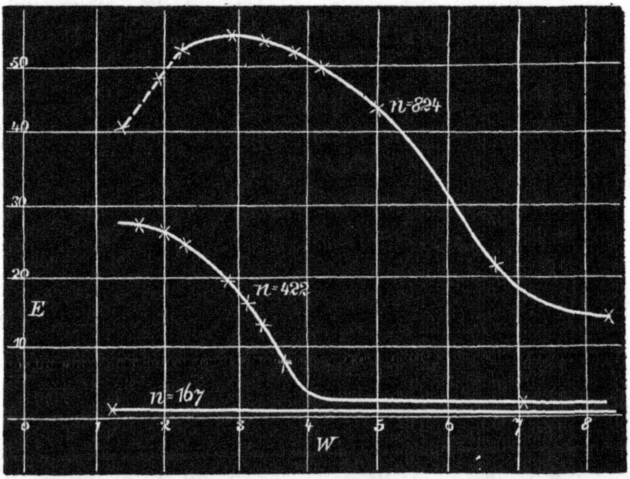

schiedenen Werthe von n darstellen (die unterste muss des Massstabes wegen unberücksichtigt bleiben), lassen dies deutlich genug erkennen.

Auch für diesen Fall wurde versucht, eine empirische Formel aufzustellen, und durch Combination derselben mit der obigen, welche die Beziehung zwischen i und n angiebt, erhielt man den Ausdruck:

$$E = \frac{n\,(m + arc\;tg\;i)}{a},$$

in welchem m und a Constanten sind. Die Uebereinstimmung der so berechneten mit den beobachteten Werthen war jedoch keine durchweg befriedigende.

Schliesslich sei bemerkt, dass fur diese Maschine nach längerem Gebrauche ein remanenter Magnetismus sich herausstellte, welcher durch den im Maximum inducirten Magnetismus etwa um das zwanzigfache übertroffen wurde; und es ist nicht überflüssig, zu beachten, dass dies so ziemlich dasselbe Verhältniss ist, welches in den Tabellen 5 und 6 zwischen dem grösseren und dem kleineren Werthe der elektromotorischen Kraft besteht; die Tabelle 4 kann hier nicht herangezogen werden, weil dieselbe sich über ein zu kleines Versuchsgebiet erstreckt.

Wenn eine Grosse Function zweier unabhängigen Variablen ist, und wenn diese Function zunimmt, wenn die eine jener Variablen zunimmt, dagegen abnimmt, wenn die andere zunimmt, so liegt es nahe, das Verhältniss dieser beiden Variablen als einzige neue unab-, hängige Variable einzuführen. Die gedachten Bedingungen treffen nun hier zu; die Stromstärke nimmt mit wachsender Tourenzahl zu und mit wachsendem Widerstande ab; es ist daher naturgemäss zu versuchen, ob sich i als Function von $\frac{n}{w}$ darstellen lässt. Hierüber giebt folgende Tabelle Aufschluss.

$\frac{n}{w}$	kleinster	grosster	Differenz in Procenten
	Werth von i		
1	16	19	19
4	72	91	26
8	144	175	22
10	170	270	58
14	259	372	43
16	314	418	33
20	361	440	22
25	500	647	29
30	574	837	46
40	913	1210	32
50	1220	2240	83
75	2360	4350	81
100	7900	17700	124
125	15800	22600	43
150	34000	41000	21
200	69200	78000	12
230	78400	85200	9

Dass diese bedeutenden Differenzen zwischen den grössten und kleinsten, bei gegebenem Verhältniss $\frac{n}{w}$ beobachteten Werthen von i Beobachtungsfehler seien ist absolut ausgeschlossen; die Genauigkeit der Beobachtungen ist mindestens fünfmal so gross. Ueberdies aber verfolgen jene Differenzen ein ganz bestimmtes Gesetz; die grösseren Werthe von i entsprechen nämlich immer den grösseren Werthen von Zähler und Nenner des Bruches $\frac{n}{w}$, die kleineren den kleineren Werthen derselben. Noch anders ausgedrückt: wenn man i als Function von $\frac{n}{w}$ darstellt, einmal für constantes w und zwei-

Fig. 43.

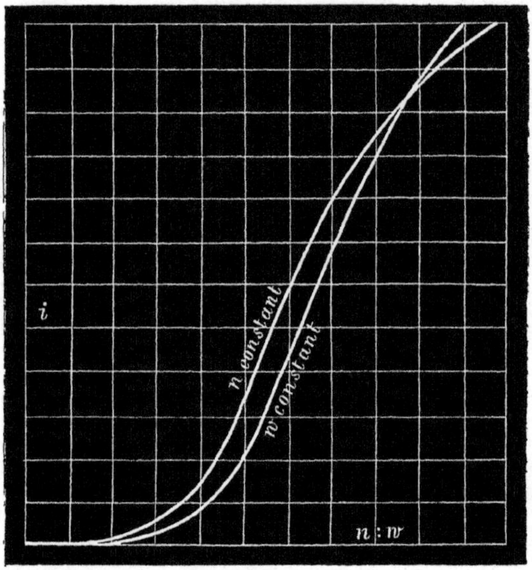

tens für constantes n, so erhält man die beiden in Fig. 43 dargestellten, betrachtlich von einander abweichenden, jede für sich aber überaus regulären Curven. Vereinigt man dagegen, wie dies zuerst Frölich gethan hat, alle Werthe von i zu einer einzigen Curve, so erhält man die gezackte Curve der Fig. 44.

Ist hiernach die Darstellung von i als Function von $\frac{n}{w}$ nur im Grossen und Ganzen den Verhaltnissen der

Fig. 44.

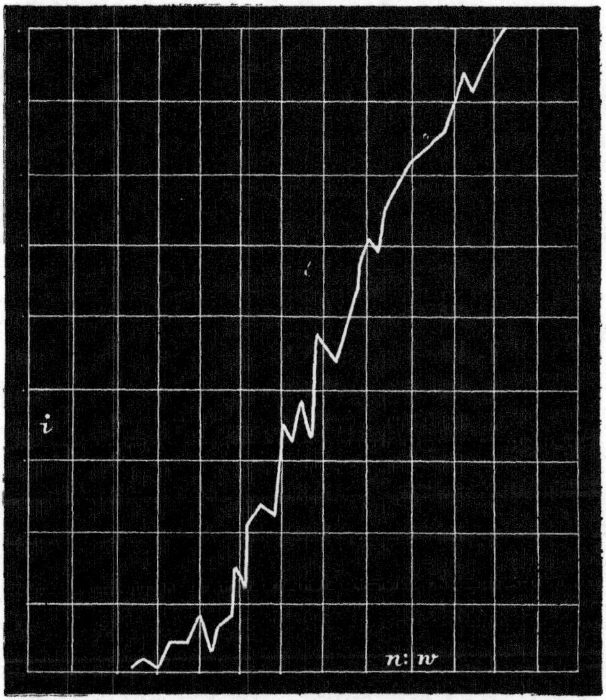

von Meyer und Auerbach untersuchten Gramme'schen Maschine entsprechend, so ist doch die Uebereinstimmung für andere Maschinen, z. B. für eine von Frölich geprüfte Trommelmaschine von Siemens und Halske, verhaltnissmassig grösser. Der eigentliche Werth der Frölich'schen Annahme liegt aber in der betrachtlichen Vereinfachung, welche sie dadurch in den rechnenden Untersuchungen hervorruft, dass sie die Zahl der unabhangigen Variablen von 2 auf 1 herabmindert. Ueberall also, wo es sich nur um einen allgemeinen Ueberblick über die Stromverhältnisse handelt, ist die Benützung dieser Annahme von wesentlichem Vortheil. Bei der Betrachtung der Theorie der dynamo-elektrischen Maschinen wird hiervon und von den weiteren Aufstellungen Frölich's ausfuhrlicher die Rede sein.

Versuche von Stern.

Bei denselben wurden gemessen n, w und i, ferner berechnet ausser E auch noch $\frac{n}{w}$ und das Verhaltniss der elektromotorischen Kraft zur Tourenzahl, also zu Folge den Betrachtungen oben auf S. 53 eine Grösse, welche dem Magnetismus M der Maschine proportional ist; setzt man die Ankerconstante gleich 1, so wird jene Grösse geradezu der Magnetismus der Maschine Aus den Tabellen kann hier nur ein kurzer Auszug gegeben werden.

n	w	$\frac{n}{w}$	i	$E = iw$	$M = \frac{iw}{n}$
57·6	1·875	30·63	0·654	1·227	0·0213
58·0	2·665	21·76	0·450	1·200	0·0207
57·3	3·503	16·37	0·345	1·209	0·0211
57·8	5·482	10·55	0·236	1·292	0·0224
58·0	10·974	5·28	0·114	1·246	0·0215

n	w	$\frac{n}{w}$	i	$E = iw$	$M = \frac{iw}{n}$
159·3	1·878	84·82	1·767	3·318	0·0209
159·3	2·611	61·01	1·218	3·180	0·0200
160·1	4·301	37·22	0·697	3·068	0·0187
161·4	7·823	20·63	0·423	3·307	0·0205
160 4	20·897	7·67	0·164	3·433	0·0214
307·3	1·867	164·60	8·663	16·170	0·0526
307·4	3·091	99 55	1·903	5·883	0·0191
306·0	6·237	49·06	0·878	5·479	0·0179
304·6	11·605	26·28	0·562	6·523	0·0214
615·0	1·889	325·58	48·00	90·67	0·1474
696·7	2·838	245·49	35·02	99·39	0·1427
672·0	4·235	158·68	18·51	78·41	0·1167
671·7	5·459	123·05	8·84	48·25	0·0118
673·5	6·245	107·85	4·69	29·32	0·0435
670·2	11·693	57·32	1·74	20·34	0·0303
1182·4	3·168	373·22	53·77	170·34	0·1441
1175·4	4·220	278·54	39·80	167·95	0·1429
1259·4	6·139	205·14	27·36	167·98	0·1334
1351·7	10·073	134·19	9·14	92·02	0·0681
1374·4	18·481	74·37	2·31	42·63	0·0310

n	w	$\frac{n}{w}$	i	$E = i\,w$	$M = \frac{i\,w}{n}$
2062	1·957	1053·7	123·18	241·07	0·1169
2320	3·549	653·70	86·55	307·17	0·1324
2373	6·697	354·27	51·76	346·66	0·1461
2394	13·695	174·78	19·45	266·37	0·1113
2686	20·463	131·24	4·98	101·88	0·0379
3338	17·72	188·4	21·48	380·5	0·1140
3521	21·184	166·21	14·80	313·60	0·0891
3033	24·240	125·12	11·18	271·08	0·0894

Ein Blick auf diese Tabellen zeigt, dass auch hier nur im Grossen und Ganzen das Verhältniss $\frac{n}{w}$ als ausschliesslich massgebende unabhängige Variable betrachtet werden darf; in einzelnen Fällen ergeben gleiche Werthe von $\frac{n}{w}$ Werthe von i und M, welche bis zu 100% Differenz aufweisen. Ueberhaupt ergiebt eine nicht uninteressante Untersuchung der bezüglichen Zahlen, dass die Genauigkeit der in Rede stehenden Darstellung im Durchschnitt aus allen Fällen nur etwa eine solche von 20% ist, was gewiss kaum noch auch nur als erste Annäherung gelten darf. Auch darin stimmen die Resultate Stern's mit denen von Meyer und Auerbach überein, dass die Abweichungen durchweg nach der einen Seite stattfinden: bei entsprechend grösseren Werthen von n und w sind auch i und M grösser — eine Abweichung, die von Stern durch die Selbstinduction erklärt wird, und zwar aus theoretischen Gründen, deren im nächsten Capitel gedacht werden wird.

Stellt man trotzdem, wie es Stern thut, i als Functionen von $\frac{n}{w}$ als Curve dar, so erhält man eine zackige Linie, welche mit der den Meyer und Auerbach'schen Versuchen entsprechenden, oben in Fig. 44 dargestellten Curve derart übereinstimmt, dass es überflüssig ist, sie hier wiederzugeben.

Dasselbe gilt von den von Hopkinson und von Hagenbach aus ihren Versuchen abgeleiteten Curven.

Versuche von Kittler.

Dieselben mögen hier auszüglich Wiedergabe finden, weil, wie schon bemerkt, hier nicht der Gesammtwiderstand, sondern statt dessen zwei andere Grössen, nämlich der Widerstand der Maschine während des Betriebes w_0 und die Klemmspannung e direct gemessen und der äussere Widerstand w_a hieraus nach der Formel

$$w_a = \frac{e}{i}$$

berechnet wurden. Die Tourenzahl war bei allen Versuchen etwa gleich 1306.

w_o	e	$\frac{n}{w_o + w_a}$	i	ε
1·462	58·98	302·6	20·69	89·2
1·431	60·69	283·0	19·09	88·0
1·387	63·45	249·2	16·48	86·3
1·369	63·80	235·8	15·32	84·8
1·335	66·59	202·9	13·06	83·9
1·309	65·97	176·1	10·88	80·2
1·292	63·68	160·2	9·26	75·6
1·262	53·29	124·3	5·77	60·6
1·245	23·39	93·9	1·85	25·7
1·241	8·0	0·0	0·0	8·0

Stellt man nach diesen Zahlen die Stromstärke und die elektromotorische Kraft als Functionen von $\frac{n}{w}$ dar, so erhalt man zwar im Wesentlichen mit den früheren übereinstimmende Curven, die sich aber vor jenen durch ihre grosse Regelmässigkeit auszeichnen. Es ist dies ein neuer Beweis dafür, dass die Unregelmassigkeiten derjenigen Curven, bei welchen nicht nur w, sondern auch n variirt, weit jenseits der Fehlergrenze der Versuchsmethoden liegen, und auf die Ungenauigkeit der Frölich'schen Annahmen zurückzufuhren sind.

Im Allgemeinen wird man auf Grund der gemachten Erfahrungen bei Anwendung der Frölich'schen Annahme vorsichtiger sein müssen, wenn es sich um Ringmaschinen, als wenn es sich um Trommelmaschinen handelt. Für letztere allein ist diese Annahme ja ursprünglich gemacht worden; und wenn man die hier folgende, fur eine Trommelmaschine giltige Curve (Fig. 45) mit der ganz entsprechenden, aber auf eine Ringmaschine bezüglichen Curve in Fig. 44 vergleicht, so wird man zwar auch dieser Curve grosse Unregelmässigkeiten nicht absprechen konnen; aber man erkennt doch deutlich,

Fig. 45.

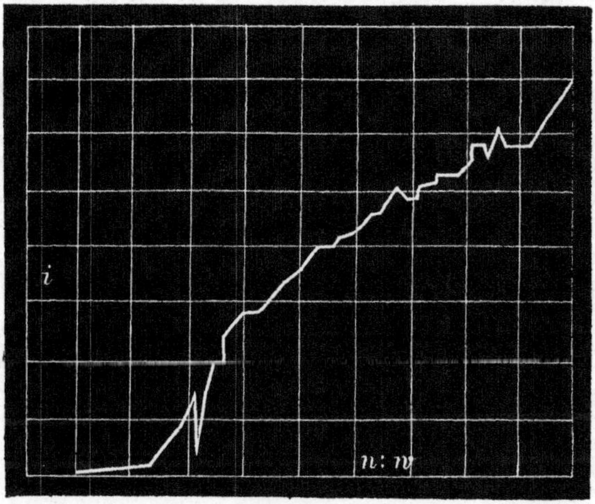

dass dieselben vorzugsweise im ersten und letzten Theile der Curve sich vorfinden, wahrend der mittelste Theil verhaltnissmassig regelmässig verlauft; bei der Stromcurve der Ringmaschine dagegen sind umgekehrt gerade auf dem mittelsten, praktisch wichtigsten Stuck die Unregelmässigkeiten am grössten. Dieser Gegensatz ist daher mindestens theilweise der verschiedenen Form der Armatur beider Maschinengattungen zuzuschreiben.

II. Der Magnetismus.

Wir konnen hier sofort an die schon oben mitgetheilten Zahlen von Stern anknüpfen. Stellt man nach diesen Zahlen M als Function von $\frac{n}{w}$ dar, so erhalt man, wenn von jetzt ab die auch hier wie bei der Stromcurve auftretenden Unregelmässigkeiten nicht weiter berücksichtigt werden, eine Curve von ziemlich verwickeltem

Fig. 46.

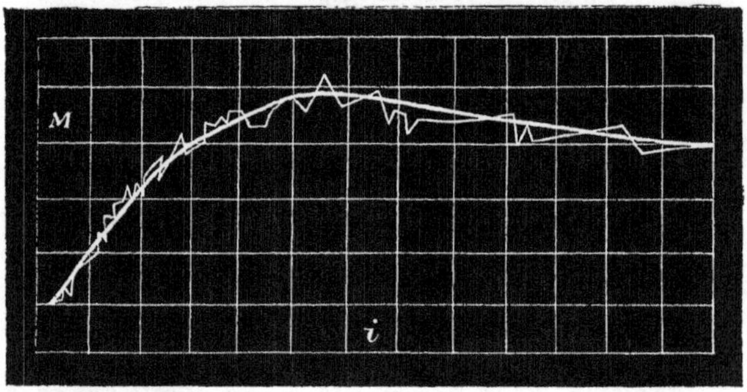

Verlauf. Einfacher wird derselbe, wenn man statt $\frac{n}{w}$ die Stromstärke i als Abscisse benützt, was offenbar erlaubt ist, da i selbst wieder von $\frac{n}{w}$ abhängt. Diese Darstellungsweise ist deshalb die übliche geworden. Zunächst beginnt die Curve mit einem horizontalen Stück, welches in Fig. 46 nicht hervortritt, weil es, wie bei jeder guten dynamo-elektrischen Maschine, sehr kurz ist. Es entspricht nämlich denjenigen Fällen, in welchen die Maschine vermöge ihres remanenten Magnetismus als magnet-elektrische Maschine functionirt, und welche uns hier nicht weiter interessiren. Hiervon abgesehen, steigt die Curve geradlinig an, biegt dann nach rechts um, verläuft ein Stück weit der Abscissenaxe parallel und

Fig. 47.

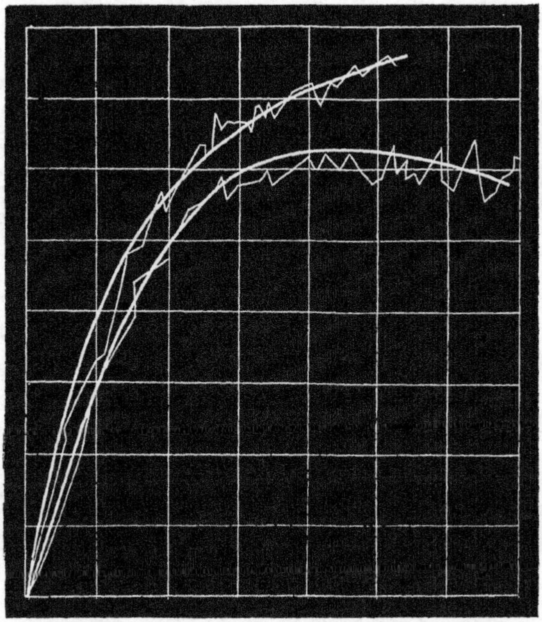

fällt schliesslich, bei grossen Stromstärken, sogar ein wenig ab. Für praktische Zwecke kommt dieser Abfall nur insofern in Betracht, als beim Bau einer guten dynamoelektrischen Maschine darauf gesehen werden muss, dass derselbe erst jenseits der innezuhaltenden Grenzen für Tourenzahl und Widerstand eintrete. Für die Theorie ist es aber von Wichtigkeit, zu zeigen, dass dieser Abfall eine Folge der das Ansteigen des Magnetismus beeinträchtigenden Ankerstrome ist. Man braucht zu diesem Zwecke nur bei einer und derselben Maschine die elektromotorische Kraft, die doch bei einer und derselben

Fig. 48.

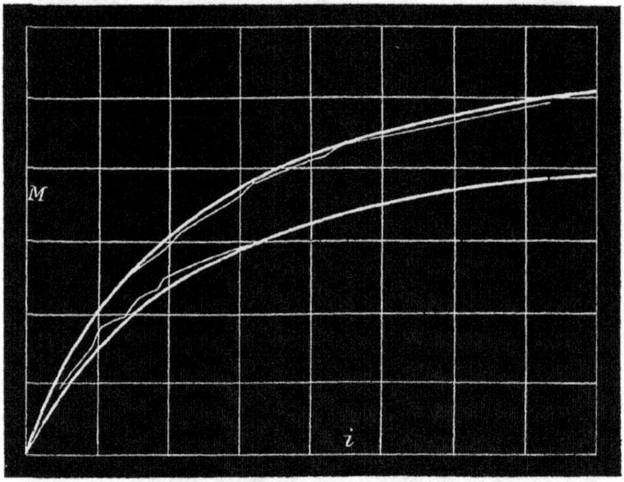

Tourenzahl eine dem Magnetismus proportionale Grösse ist, unter zwei wesentlich verschiedenen Verhältnissen als Function der Stromstärke zu ermitteln: einmal in gewöhnlicher Weise, und zweitens indem man die Ankerwindungen mit einem grossen Zusatzwiderstande in sich schliesst und durch die Schenkelwindungen einen irgendwie erzeugten Strom schickt. Derartige Versuche sind namentlich von Frölich an einer Trommelmaschine und von v. Waltenhofen an einer Flachringmaschine angestellt worden. Die ersteren sind in Fig. 47 dargestellt; die untere Curve, bei welcher die Ankerströme mitwirkten, zeigt einen ziemlich beträchtlichen Abfall; die obere, welche von vornherein schneller steigt, besitzt einen solchen Abfall überhaupt nicht. Die Versuche von v. Waltenhofen, bei welchen der Commutator eine constante Stellung hatte, erstrecken sich bis zu dem abfallenden Stücke überhaupt nicht, zeichnen sich aber sonst, wie die Fig. 48 zeigt, durch grosse Regelmässigkeit aus; es mögen daher die zugehörigen Zahlenwerthe selbst auszugsweise hier Platz finden.

Versuche von v. Waltenhofen.

Mit Ankerstrom		
i	M (in willkürlicher Einheit)	
	beobachtet	berechnet
0·68	82	65
1·52	139	126
2·02	162	154
2·62	181	183
3·52	223	211
4·12	238	238
5·15	263	265
6·34	293	292
7·78	317	316
9·75	344	342

Ohne Ankerstrom		
i	M (in willkürlicher Einheit)	
	beobachtet	berechnet
2·90	251	251
3·75	286	295
4·30	309	316
4·90	331	338
6·58	389	387
7·61	410	409
9·25	440	438
16·40	510	514
20·50	530	538

Die in dieser Tabelle als berechnet bezeichneten Werthe wurden nach einer von Frölich vorgeschlagenen Interpolationsformel unter entsprechender Wahl der Constanten derselben erhalten, nämlich

mit Ankerstrom

$$M = \frac{i}{90{\cdot}6 + 19{\cdot}89\, i}$$

ohne Ankerstrom

$$M = \frac{i}{70{\cdot}6 + 15{\cdot}12\, i}$$

Zu bemerken ist schliesslich, dass das in diesem Capitel Gesagte zunächst und im Allgemeinen für Hauptschlussmaschinen gilt. Es soll später hieran eine übersichtliche Charakterisirung sowohl dieser als auch der übrigen Gattungen dynamo-elektrischer Maschinen geknüpft werden. Ehe dies geschieht, haben wir jedoch der mathematischen Theorie dieser Maschinen unsere Aufmerksamkeit zu schenken.

VII.

Die Theorie der dynamo-elektrischen Maschine.

Die meisten Erfindungen, ganz besonders aber solche auf dem Gebiete des Maschinenwesens, pflegen sich längst eine Stellung in der Praxis errungen zu haben, ehe von Seiten der Theoretiker daran gegangen wird, die Wirkung dieser Maschinen oder Apparate auf Grund und im Zusammenhange mit den Fundamentalerscheinungen, von denen jene Wirkung abhängt, darzustellen oder zu erklären So hat es sich auch in Bezug auf die Theorie der dynamo-elektrischen Maschine verhalten.

Unseres Wissens war Kirchhoff der Erste, welcher in einer Vorlesung des Jahres 1876, den Gramme'schen Ring als Beispiel für die theoretische Untersuchung magnet-elektrischer Maschinen einer mathematischen Behandlung unterwarf. Dabei wurden allerdings die festen Magnetpole als in grosser Entfernung gelegen angenommen, der Ring als aus Holz bestehend gedacht und der Vorgang, um dessen formale Darstellung es sich handelte, war nicht die Erzeugung von Strömen durch Bewegung, sondern umgekehrt die durch Batteriestrome erzeugte Rotation des Ringes. Der Abstand zwischen diesen Annahmen und den thatsächlichen Verhältnissen einer fur die Praxis construirten elektrischen Maschine, selbst wenn dieselbe als Motor dienen soll, ist offenbar ausserordentlich gross; als des ersten Gliedes in der Kette theoretischer Untersuchungen über elektrische Maschinen, welche seitdem entstanden sind, musste jedoch hier der Kirchhoff'schen Darstellung Erwähnung geschehen.

Mit Uebergehung der gedachten Zwischenglieder und vorbehaltlich spateren Zurückgreifens auf Einzelheiten dieser Untersuchungen, wird es hier genugen, gleich die vollstandigste und fundamentalste aller Theorien zu skizziren. Es ist das die aus dem Jahre 1883 stammende Theorie von Clausius.

Theorie von Clausius.

Die drei wesentlichen Theile einer Dynamomaschine sind:

1. Der feste Elektromagnet (worunter eventuell auch eine Combination von mehreren festen Elektromagneten verstanden werden kann).

2. Die drehbare Umwickelung (namlich der Armatur).

3. Der Eisenkern der drehbaren Umwickelung (dessen Stillstand theoretisch vorzuziehen, praktisch aber schwer zu erreichen ist, und der deshalb an der Rotation der Umwickelung theilnimmt).

Es sind nun die beiden Classen von Wirkungen zu betrachten, welche in der Maschine auftreten, namlich die magnetischen und die elektrischen. Die magnetischen Wirkungen erstrecken sich, wenn man von dem ganz elementaren Vorgange in dem festen Elektromagnet absieht auf den Eisenkern der drehbaren Umwickelung. Solcher Wirkungen sind zwei vorhanden. Erstens wird der Eisenkern durch die festen Pole derart magnetisirt, dass die Axe seines Magnetismus die Gegenrichtung der Axe des festen Elektromagnets hat Zweitens wird er durch den in den beiden Hälften der drehbaren Umwickelung von der einen Bürste zur anderen fliessenden Strom magnetisirt, und zwar in einer zur Axe der ersten Magnetisirung angenahert senkrechten Richtung. Die Axe des resultirenden Magnetismus hat hiernach eine schräge Richtung, die im Uebrigen im Raume fest, im Eisenkerne dagegen veränderlich ist.

Der magnetisirenden steht die elektrische Inductionswirkung gegenüber. Diese ist eine dreifache. Erstens wirkt der feste Elektromagnet inducirend auf die rotirende Umwickelung. Zweitens inducirt der im Raume feste Magnetismus des Eisenkernes in der rotirenden Umwickelung Strome. Diese beiden Wirkungen sind also die Folge gegenseitiger Lagenanderung, wahrend die dritte eine Folge von Stromanderungen ist. Beim Passiren der Bürsten erfolgt nämlich eine Stromumkehr, und diese erzeugt selbst wieder Ströme in der Umwickelung.

Die elektromotorische Kraft, welche in einem bewegten Leiter inducirt wird, kann man bekanntlich als die Abnahme des elektrodynamischen Potentials des inducirenden Systems auf die in dem Leiter gedachte Stromeinheit darstellen. Sind also fur unsere Maschine, und zwar zunachst fur eine Abtheilung der drehbaren Umwickelung die Werthe jenes Potentials an der einen und an der anderen Bürste gleich W' und W'', und ist τ die Umdrehungszeit, so ist die in der betrachteten Abtheilung auf dem Wege von der einen Bürste zur anderen inducirte elektromotorische Kraft im Durchschnitte gleich

$$\frac{1}{\frac{1}{2}\tau}(W' - W''). \qquad (1)$$

Ist die Zahl der Abtheilungen auf dem ganzen Anker gleich z, also zwischen zwei Bürsten gleich $\frac{z}{2}$, und führt man statt der Umlaufzeit τ die Tourenzahl n ein $\left(n = \frac{1}{\tau}\right)$, so erhalt man die Gleichung fur die gesammte elektromotorische Kraft, so weit sie von dem festen System herrührt:

$$E_1 = z\,(W' - W'')\,n. \qquad (2)$$

Es frägt sich nun, ob nicht auch umgekehrt der Strom in der drehbaren Umwickelung eine elektromotorische Kraft in der festen Leitung inducirt. Diese Frage ist zu verneinen. Es heben sich namlich, wie eine einfache Betrachtung lehrt, die durch die Bewegung und die durch die Stromumkehrungen inducirten elektromotorischen Kräfte gegenseitig auf.

Wohl aber wirkt die Ankerumwickelung auf sich selbst inducirend, und zwar in Folge der schon im funften Capitel (S. 84) besprochenen Stromumkehr. Man hat dabei zwei Phasen des Vorganges zu unterscheiden, nämlich den Kurzschluss in Folge der Berührung beider Enden der betrachteten Spule mit der Bürste und den Eintritt der Spule in die zweite Ankerhälfte. Wahrend jeder dieser beiden Phasen tritt eine doppelte Wirkung auf, nämlich die Selbstinduction der betrachteten Windungen, und ihre Induction auf die übrigen Windungen. Für die erste Phase des Vorganges liefert keine dieser beiden Wirkungen einen Beitrag zur elektromotorischen Kraft, die Selbstinduction nicht, eben weil die Spule in sich geschlossen ist und dem Hauptkreise gar nicht angehort, die Induction auf die übrigen Windungen nicht, weil zu beiden Seiten der betrachteten Windungen die Stromrichtung entgegengesetzt, alles Uebrige aber symmetrisch ist, die inducirten elektromotorischen Krafte sich also aufheben. Die erste Phase des Vorganges kommt also überhaupt nicht in Betracht.

Ganz anders während der zweiten Phase. Die Spule ist jetzt wieder ein Bestandtheil des Hauptkreises und ihre Selbstinduction nicht gleichgiltig; auch die Induction auf die benachbarten Spulen liefert jetzt einen Beitrag weil die betrachteten Windungen einerseits an andere ebenfalls im Hauptkreise befindliche, andererseits aber an kurzgeschlossene grenzen, die Symmetrie also gestört ist. Beide Wirkungen liefern somit elektromotorische Krafte, und zwar sind dieselben der Häufigkeit der Stromumkehrungen, also der Tourenzahl und dem Betrage der Stromanderung, also der Stromstärke i proportional, dem Vorzeichen nach der Stromrichtung entgegengesetzt. Versteht man unter ϱ einen Factor, welcher zugleich ausdrückt, dass nicht der ganze Betrag der Stromumkehr in Betracht kommt, weil ein Theil desselben schon während der ersten Phase wirkungslos von statten ging, so hat man demgemass die Summe der beiden in Rede stehenden elektromotorischen Krafte

$$E_2 = -\varrho i n \qquad (3)$$

zu setzen, so dass die gesammte elektromotorische Kraft

$$E = E_1 + E_2 = z(W' - W'')n - \varrho i n \qquad (4)$$

wird.

Es ist für die Praxis von Wichtigkeit, zu bemerken, dass sich die beiden Theile von E verschieden verhalten, wenn bei unveränderter Gesammtlange der drehbaren Wickelung die Zahl der Spulen, in welche sie getheilt ist, vermehrt wird. Wie nämlich eine einfache Betrachtung lehrt, bleibt E_1 dabei fast ungeandert, E_2 aber nimmt ab, so dass, da doch E_2 negativ ist und eine schwachende Nebenkraft bedeutet, E selbst zunimmt. Wir haben im zweiten Capitel (S. 43) gesehen, dass die Vermehrung der Spulenzahl für die Gleichmässigkeit der erzielten Wirkung von Vortheil ist; nunmehr sehen wir, dass dies auch hinsichtlich der Grösse der Wirkung der Fall ist.

Um schliesslich aus der gefundenen elektromotorischen Kraft die **Arbeit** abzuleiten, welche wahrend der Zeiteinheit geleistet wird, hat man mit der gesammten Stromintensitat i zu multipliciren und erhalt

$$Ei = z(W' - W'')in - \varrho i^2 n \qquad (5)$$

Bekanntlich erfahrt die durchströmte Umwickelung von dem übrigen Systeme auch eine ponderomotorische Kraft; und wenn man deren Arbeit ausdrückt, so findet man eine dem ersten Gliede der obigen elektromotorischen Arbeit gleiche, aber entgegengesetzte Grösse

Bezeichnet man also die ponderomotorische Arbeit fur die Zeiteinheit mit T, so kann man auch schreiben

$$Ei = -T - \varrho i^2 n. \tag{6}$$

Zur weiteren Pracisirung vorstehender Ausdrucke ist es nothwendig, die magnetischen Theile der Maschine specieller zu betrachten. Fur den einen dieser Theile, namlich den festen Elektromagnet, benutzt Clausius die oben (S. 69) angefuhrte Frölich'sche Formel.

$$M = \frac{Ai}{1 + \alpha i}, \tag{7}$$

nicht weil er sie für die beste halt, sondern weil bei der Complication des uns beschaftigenden Problems ihre Einfachheit von grossem Vortheile ist. A und α sind experimentell zu bestimmende Constanten.

Für den anderen magnetischen Theil der Maschine, den Eisenkern des Ankers, kann man alsdann zwei analoge Ausdrücke aufstellen, nämlich einen für die Magnetisirung durch den festen Elektromagneten, und einen zweiten fur die Magnetisirung durch den in der drehbaren Umwickelung verlaufenden Strom. Nur hat man an Stelle der Stromstarke i, welche die Magnetisirung des festen Elektromagnetes bewirkt, diejenigen Krafte einzuführen, welche die Magnetisirung des Ankerkerns bewirken, also in dem ersten der beiden zu bildenden Ausdrücke M selbst, in dem anderen eine Grosse N, welche die analoge Rolle fur den Ankerstrom spielt, und von welcher klar ist, dass sie mit i proportional sein wird, also $N = Bi$. Die beiden in dem Eisenkern hervorgerufenen magnetischen Momente sind also

$$\frac{CM}{1 + \gamma M} \quad \text{und} \quad \frac{CN}{1 + \gamma N}$$

und folglich das resultirende Moment

$$P = \frac{C\sqrt{M^2 + N^2}}{1 + \gamma\sqrt{M^2 + N^2}} \tag{8}$$

oder, wenn man im Nenner dieses Ausdruckes zur Vereinfachung die Quadratwurzel durch die Stromstarke i, welcher sie offenbar proportional ist, ersetzt und mit β eine neue Constante bezeichnet,

$$P = \frac{C\sqrt{M^2 + N^2}}{1 + \beta i}. \tag{9}$$

Diesem Momente entspricht eine Achse, welche gegen die Verbindungslinie der Pole des festen Elektromagnetes um den Winkel ψ geneigt ist; mit Hilfe dieses Winkels kann man P in zwei Componenten nach der Richtung jener Verbindungslinie und nach der zu dieser senkrechten Richtung der Verbindungslinie der Bürsten zerlegen. Diese beiden Componenten sind:

$$P_1 = P\cos\psi = \frac{CM}{1 + \beta i} \tag{10}$$

$$P_2 = P\sin\psi = \frac{CN}{1 + \beta i}. \tag{11}$$

Um nun die beim Gange der Maschine von den Kraften geleistete Arbeit zu bestimmen, möge zunachst der Eisenkern des Ankers als fest angenommen werden. Die ponderomotorische Arbeit setzt sich dann aus zwei beziehungsweise von dem Elektromagnet und von dem Eisenkern herrührenden Gliedern zusammen, deren jedes man in einfacher Weise bestimmen kann. Man findet, wenn h und k neue Constanten bezeichnen:

$$T = -hMNn - kNP_1 n. \tag{12}$$

Mit Rücksicht auf Gl. (6) findet man hieraus sofort auch die elektromotorische Arbeit

$$Ei = hMNn + kNP_1 n - \varrho i^2 n. \qquad (13)$$

Setzt man in diese Formeln für P_1 seinen aus Gl. (10) sich ergebenden Werth, so erhalt man

$$T = -MN\left(h + \frac{kC}{1+\beta i}\right)n \qquad (14)$$

$$Ei = MN\left(h + \frac{kC}{1+\beta i}\right)n - \varrho i^2 n. \qquad (15)$$

Bei den fur praktische Zwecke construirten Maschinen rotirt nun aber der Eisenkern gleichzeitig mit seiner Umwickelung. Hierbei sind zwei Falle zu unterscheiden, nämlich die langsame Rotation, bei welcher die raumliche Lage und Stärke der Pole des Eisenkerns dieselbe wie im Zustande der Ruhe bleibt, und die rasche Rotation, bei welcher dies nicht mehr der Fall ist. In dem ersten Falle konnen, wie eine eingehende Untersuchung lehrt, die Gl. (17) bis (20) unverandert beibehalten werden; nur ist es zweckmassig, in (17) NP_1 durch das äquivalente MP_2 zu ersetzen. Im letzteren Falle, in welchem die magnetische Trägheit des Eisens sich geltend macht (vielfach auch »Verschleppung des Magnetismus« genannt), wird der Winkel φ um einen der Tourenzahl proportionalen Betrag zu vergrössern, das magnetische Moment P aber ein wenig zu verkleinern sein, so dass man die entsprechenden neuen Grössen

$$\psi' = \psi + \varepsilon n \qquad (16)$$

$$P' = P \cos \varepsilon n \qquad (17)$$

setzen kann, wo ε eine kleine Constante ist. Mit Vernachlassigung der hoheren Glieder erhalt man auf diese Weise

$$P_1' = \frac{C}{1 + \beta i} (M - \varepsilon n N) \qquad (18)$$

$$P_2' = \frac{C}{1 + \beta i} (N + \varepsilon n M). \qquad (19)$$

Die Verschleppung des Magnetismus ist nicht die einzige, auf die Leistungsfähigkeit einer dynamo-elektrischen Maschine nachtheilig einwirkende Erscheinung. Eine zweite solche ist die Entstehung sogenannter Foucault'scher Ströme im Eisenkerne selbst. Bei den meisten Maschinen-Constructionen werden diese Ströme durch geeignete Zertheilung des Ankerkerns (Drahtbündel, Blechscheiben u. s. w.) im Keime erstickt. Es möge daher hier genugen, das Resultat der Clausius-schen Untersuchung anzugeben, d. h. die Formeln, welche bei Berücksichtigung der Foucault'schen Ströme an die Stelle der Gl. (18) und (19) treten:

$$P_1'' = \frac{C}{1 + \beta i} (M - \varepsilon' n N) - \quad n N \qquad (20)$$

$$P_2'' = \frac{C}{1 + \beta i} (N + \varepsilon' n M) + \eta n M, \qquad (21)$$

wo ε' und η zwei neue, ebenfalls kleine Constanten sind. Kann und will man die Foucault'schen Ströme vernachlässigen, so hat man hierin $\eta = o$ und $\varepsilon' = \varepsilon$ zu setzen.

Wir sind nun so weit, um das Schlussresultat bilden zu können. Zu diesem Zwecke sind in die Gl. (12) und (13) für T und Ei die Werthe der in ihnen vorkommenden Grossen einzusetzen, nämlich für M aus Gl. (7), fur N der Werth Bi (S. 123), fur P_1 und P_2 die an ihre Stelle getretenen Werthe P_1'' und P_2'' aus (20) und (21). Fuhrt man bei dieser Gelegenheit zur Vereinfachung neue Constanten statt der bisherigen ein, nämlich:

$$\left.\begin{aligned} a &= \frac{1}{\alpha} \quad b = \frac{1}{\beta} \quad p = \frac{hAB}{\alpha} \quad q = \frac{kABC}{\alpha\beta} \\ l &= \frac{A}{B\alpha} \quad \sigma = kB^2\eta \quad \lambda = \frac{kB^2C\varepsilon'}{\beta} \end{aligned}\right\} \quad (22)$$

so nehmen die Schlussgleichungen fur T und E die folgende Gestalt an:

$$\left.\begin{aligned} T = -\Big[&\frac{1}{a+i}\left(p + \frac{q}{b+i}\right) n \\ &+ \left(\frac{l}{a+i}\right)^2 \left(\sigma + \frac{\lambda}{b+i}\right) n^2\Big] i^2 \end{aligned}\right\} \quad (23)$$

$$\left.\begin{aligned} E = \Big[&\frac{1}{a+i}\left(p + \frac{q}{b+i}\right) n - \varrho n \\ &- \left(\sigma + \frac{\lambda}{b+i}\right) n^2\Big] i. \end{aligned}\right\} \quad (24)$$

Die elektromotorische Kraft einer dynamo-elektrischen Maschine setzt sich hiernach aus fünf Gliedern zusammen, welche beziehungsweise mit den Coefficienten p, q, $-\varrho$, $-\sigma$, $-\lambda$ behaftet sind. Die beiden ersten Glieder entsprechen der inducirenden Kraft des festen Elektromagnets und des drehbaren Eisenkerns, die drei anderen entsprechen der Selbstinduction der drehbaren Umwickelung, der Verschleppung des Magnetismus im Eisenkern und den Foucault'schen Strömen in demselben. Zwischen den beiden ersten und den drei letzten Gliedern besteht ein doppelter Gegensatz von fundamentaler Bedeutung. Die ersten beiden Glieder sind nämlich positiv und von der ersten Grössenordnung, die drei letzten negativ und von der zweiten Grössenordnung. Für die Praxis der Construction dynamo-elektrischer Maschinen ergiebt sich somit der wichtige Satz, dass die Coefficienten der beiden ersten Glieder möglichst gross, diejenigen der drei letzten Glieder möglichst klein zu machen sind.

Es bleibt nun noch übrig, die nächst der elektromotorischen Kraft wichtigste elektrische Grösse, d. h. die Stromstärke als Function der unabhängigen Variablen n und w zu bilden, wo w den gesammten Leitungswiderstand bedeutet. Man braucht zu diesem Zwecke nur das Ohm'sche Gesetz $E = wi$ zu berücksichtigen und die so aus (24) erhaltene Gleichung nach i aufzulösen. Dabei sollen die Abkürzungen

$$w' = \frac{n}{w + \varrho n + \sigma n^2}, \quad w'' = \frac{n - \frac{\lambda}{p} n^2}{w + \varrho n + \sigma n^2}$$

$$c = q - pa + pb$$

gebraucht werden. Man erhält alsdann

$$\left.\begin{array}{l} i = \frac{1}{2}(pw'' - a - b) + \\ + \frac{1}{2}\sqrt{(pw'' + a - b)^2 + 4\,cw'}. \end{array}\right\} \quad (25)$$

Diese Formel ist zwar sehr verwickelt; bedenkt man aber, wie vielen verschiedenen Erscheinungen in ihrem Zusammenwirken sie gerecht wird, so wird man nicht umhin können, sie übersichtlich und verhältnissmässig einfach zu finden. Die Verwerthung der Formel zu praktischen Rechnungen wurde freilich, schon wegen der grossen Zahl der für die betreffende Maschine zu bestimmenden Constanten viel zu zeitraubend sein. In geringerem Grade, aber immer noch gilt dies auch dann, wenn man die Erscheinungen von der zweiten Grössenordnung vernachlassigt. Es tritt dann allerdings insofern eine grosse Vereinfachung ein, als jede der beiden Grossen w' und w'' gleich $\frac{n}{w}$, also i eine Function ausschliesslich dieses Verhältnisses wird. Wie wir somit sehen, gilt die im vorigen Capitel erorterte Annahme Frölich's, dass die Stromstarke ausschliesslich vom Verhältnisse der Tourenzahl vom Widerstande abhänge, nur bei Vernachlässigung der Selbstinduction, der Verschleppung des Magnetismus und der Foucault'schen Strome. Dabei ist noch zu beachten, dass der Einfluss dieser Erscheinungen mit der Geschwindigkeit wachst zum Theil sogar in quadratischem Verhältnisse, und dass er in Folge dessen fur grosse Tourenzahlen sehr betrachtlich werden kann. In der That ist im vorigen Capitel gezeigt worden, dass er bei der von Meyer und Auerbach untersuchten Ringmaschine so gross ist, dass die Frolich'sche Annahme kaum noch näherungsweise genugt; und Entsprechendes ist für andere Ringmaschinen von anderen Beobachtern gefunden worden. Dass für Trommelmaschinen, speciell für solche von Siemens und Halske, der Einfluss der schwächenden Secundarerscheinungen geringer und folglich die Giltigkeit der Frolich'schen Annahme eine genauere ist, muss an und für sich natürlich als ein Vorzug dieser Maschinen bezeichnet werden; es fragt sich aber, ob dieses günstige Ergebniss nicht etwa durch Anordnungen und Constructionsdetails herbeigeführt werde, welche die Stärke der Primärwirkungen ungünstig beeinflussen. Das lässt sich aber vorläufig nicht entscheiden und darum auch ein allgemeiner Schluss hinsichtlich des Verhältnisses der Trommel- zu den Ringmaschinen aus den angestellten Betrachtungen nicht ziehen.

Die vereinfachte Clausius'sche Gleichung für die Stromstärke wird nunmehr

$$\left.\begin{aligned} i = & \frac{1}{2}\left(p\frac{n}{w} - a - b\right) + \\ & + \frac{1}{2}\sqrt{\left(p\frac{n}{w} + a - b\right)^2 + 4c\frac{n}{w}}. \end{aligned}\right\} \quad (25a)$$

Von dem Verlaufe dieser Function gewinnt man eine Vorstellung, wenn man erwägt, dass c je nach der Construction der Maschine positiv oder negativ sein kann; in dem Grenzfalle, wo c gleich Null wird, erhält man

$$i = p\frac{n}{w} - b, \qquad (26)$$

also eine schräge Gerade. In allen übrigen Fällen ist die Linie gekrümmt und zwar je nach dem Vorzeichen von c in dem einen oder anderen Sinne.

Meyer und Auerbach haben versucht, für die von ihnen untersuchte Gramme'sche Maschine die Constanten der vereinfachten Clausius'schen Formel zu berechnen und die so erhaltenen theoretischen Werthe der Stromstärke mit den beobachteten zu vergleichen. Dieser Versuch hat einerseits insofern einen genügenden Erfolg gehabt, als, wie die hier folgende kleine Tabelle zeigt, eine ziemlich befriedigende Uebereinstimmung sich ergab, abgesehen von den grossten Werthen von $\frac{n}{w}$, für welche dem Besprochenen gemass, die Stromstarke durch den Einfluss der Secundärerscheinungen ganz betrachtlich herabgedruckt wird.

$\frac{n}{w}$	i in Ampère		$\frac{n}{w}$	i in Ampère	
	berechnet	beobachtet		berechnet	beobachtet
1	0·0029	0·0032	30	0·139	0·145
2	0·0061	0·0066	50	0·32	0·30
4	0·0152	0·0152	100	2·24	2·24
6	0·025	0·025	150	7·39	7·18
8	0·030	0·030	200	13 15	13·15
10	0·038	0·038	250	18·8	18·1
15	0·059	0·057	300	24·3	22·4
20	0·076	0·076	400	35·9	27·4

Andererseits zeigt sich freilich, dass die Clausiussche Formel die ihr an und fur sich innewohnende Genauigkeit bei der praktischen Rechnung dadurch einbüsst, dass das zweite Glied unter der Wurzel, wenigstens fur die hier untersuchte Maschine negativ, dem absoluten Werthe nach aber von dem ersten Gliede unter der Wurzel nur wenig verschieden ausfallt. Man hat also zwei grosse und nahezu gleiche Grössen von einander abzuziehen, und das führt stets zu beträchtlichen Fehlern. Am auffallendsten freilich wird dieser Uebelstand, und am unsichersten folglich die Berechnung fur einen bestimmten Werth von i, und zwar gerade fur denjenigen Werth, fur welchen auch die Beobachtungen gemass der Tabelle auf S. 103 die grossten Differenzen zwischen den Einzelwerthen von i ergeben.

Theorie von Frolich.

Den Ausgangspunkt dieser Theorie bildet die Gl. (2) des dritten Capitels

$$E = f M n,$$

also

$$i = f M \frac{n}{w},$$

nur mit dem Unterschiede, dass hier nicht, wie bei der magnet-elektrischen Maschine, der wirksame Magnetismus constant, sondern veranderlich ist. Wird nun angenommen, dass die einzige diese Veranderlichkeit bestimmende Grosse die Stromstarke im Schliessungskreise sei, so kann man M als eine Function von i

$$M = F(i)$$

betrachten und erhält alsdann:

$$\frac{n}{w} = \frac{i}{f F(i)} \qquad (27)$$

oder auch umgekehrt

$$i = \varphi\left(\frac{n}{w}\right). \qquad (28)$$

In Bezug auf die Function F, welche die Abhangigkeit des wirksamen Magnetismus der dynamo-elektrischen Maschine von der Stromstärke darstellt, möge nun angenommen werden, dass sie identisch mit derjenigen sei, welche nach Frolich die Abhängigkeit des magnetischen Moments eines Elektromagneten von der Starke des magnetisirenden Stromes darstellt, d. h. es soll, ähnlich wie in Gl. (7) dieses Capitels

$$M = \frac{i}{a+i} \tag{29}$$

gesetzt werden. Man findet dann

$$i = f\frac{n}{w} - a. \tag{30}$$

Ueberblickt man diese an Einfachheit nichts zu wünschen übrig lassende Theorie, so erkennt man, dass dieselbe im wesentlichen aus zwei Annahmen und zwei Resultaten besteht, und dass aus je einer der Annahmen je eins dieser Resultate folgt. Aus der Annahme, dass der Magnetismus lediglich eine Function der Stromstärke sei, folgt das erste Resultat: Die einzige unabhängige Variable bei dem Betriebe einer Dynamomaschine ist das Verhältniss der Tourenzahl zum Widerstande. Von diesem Satze ist schon zur Genuge die Rede gewesen. Im vorigen Capitel ist gezeigt worden, dass er bei den Trommelmaschinen nur angenäherte Bestätigung findet, bei den Ringmaschinen aber auch diese kaum. Die Theorie von Clausius liess alsdann erkennen, dass es die secundären Erscheinungen der Selbstinduction, der Verschleppung des Magnetismus und der Foucault'schen Ströme sind, welche die Abweichungen von dem ersten Frölich'schen Satze bedingen. Die Erfahrung lehrt also, dass diesen, wenn auch secundaren Erscheinungen in vielen Fällen ein selbst fur die in der Technik gebräuchliche Genauigkeit nicht zu vernachlässigender Einfluss zukommt.

Um nun den zweiten Theil der Frölich'schen Theorie zu prüfen, wollen wir deren ersten Theil, trotz der ausgesprochenen Bedenken, acceptiren. Dieser zweite Theil besteht aus der Annahme, dass der Magnetismus einer Dynamomaschine in Bezug auf seine Abhängigkeit von der Stromstärke sich gerade so verhalte, wie der Magnetismus eines Elektromagneten, und das Ergebniss ist der zweite Satz der Frölich'schen Theorie: Die Stromstärke, welche eine Dynamomaschine liefert, ist eine lineare Function des Verhältnisses der Tourenzahl zum Widerstande.

Die graphischen Darstellungen der Stromstärke als Function von $\frac{n}{w}$, welche im vorigen Capitel gegeben worden sind, setzen uns in den Stand, dieses zweite Ergebniss der Frölich'schen Theorie zu prüfen. Verhältnissmässig am nächsten einer geraden Linie kommt die hier nicht dargestellte Curve von Kittler; aber es ist zu beachten, dass dieselben aus Versuchen hergeleitet ist, bei welchen die Tourenzahl constant war; sie darf also hier kaum in Betracht gezogen werden. Schon beträchtlicher gekrümmt ist die Curve von Frölich (Fig. 45); sie weist immerhin ein geradliniges Stück von beträchtlicher Länge auf. Da nun dieses Stück das mittlere ist und Frölich selbst sehr kleine und sehr grosse Werthe des Verhältnisses $\frac{n}{w}$ von dem Geltungsbereiche seiner Theorie ausschliesst, so kann man sagen, dass diese Curve jene Theorie im Grossen und Ganzen bestätigt. Von der Meyer und Auerbach'schen Curve (Fig. 44) kann das aber nicht mehr gesagt werden; denn abgesehen von dem ersten Stücke, das der magnetelektrischen Wirkung entspricht und hier nicht in Betracht kommt, besitzt diese Curve kein geradliniges Stuck von erheblicher Lange.

Wo die Erklärung fur diesen Mangel an Uebereinstimmung zwischen den Beobachtungen und der Frolich'schen Theorie zu suchen sei, darüber giebt die vollstandige Clausius'sche Theorie sofort Auskunft. Es ist namlich nicht erlaubt, den Magnetismus einer dynamo-elektrischen Maschine einfach gleich demjenigen eines Elektromagneten zu setzen, und zwar deshalb nicht, weil die in der drehbaren Umwickelung inducirte elektromotorische Kraft einerseits von den festen Elektromagneten, andererseits durch den Ankerkern hervorgerufen wird, und weil diese beiden Wirkungen in ganz verschiedener Weise von der Stromstärke abhangen. Die eine ist nämlich nach der von Clausius acceptirten Frölich'schen Elektromagnet-Formel gleich

$$\frac{pi}{a+i},$$

die andere dagegen gleich

$$\frac{qi}{(a+i)(b+i)};$$

den ganzen wirksamen Magnetismus kann man also nicht einfacher darstellen, als durch die Formel

$$M = \frac{i}{a'+i}\left(p + \frac{q}{b+i}\right).$$

Für diese Formel habe ich nach einigen Versuchsreihen die Constanten berechnet und in der That eine sehr befriedigende Uebereinstimmung gefunden. Dagegen hat Frolich sich selbst überzeugt, dass die Formel (29) nicht genügt, und deshalb aus den Beobachtungsergebnissen die complicirtere empirische Formel

$$M = \frac{i}{a' + i} - b'(a' + i)$$

abgeleitet, aber ihrer Complication wegen, wie es scheint, wieder fallen lassen.

Theorie von Meyer und Auerbach.

Eine andere Correction an der Frölich'schen Formel, und zwar eine solche, welche sich nicht blos auf den zweiten, sondern auch auf den ersten Theil der Frölich'schen Theorie bezieht, haben Meyer und Auerbach angegeben, und zwar auf Grund folgender einfacher Betrachtungen.

Der Beweis des Satzes, dass i nur von $\frac{n}{w}$ abhange, beruht darauf, dass der wirksame Magnetismus M als eine Function der Stromstarke i anzusehen sein soll. Das ist ohne Zweifel der Fall; aber eine Function der Stromstarke ist nicht blos die Starke, sondern auch die Richtung der Resultante der magnetischen Kräfte. Denn der Magnetismus im stehenden Elektromagnet und der im rotirenden Anker entstehende wachsen nicht nothwendig einander proportional, und zudem werden die im Anker erregten Magnetpole durch die Rotation merklich mit verschoben. Wenn man dieses berücksichtigt, so erkennt man, dass die von Frölich aufgestellte Formel

$$i = f M \frac{n}{w}$$

noch mit einem Factor zu versehen ist, welcher mit der Tourenzahl n veränderlich ist. Unter der Voraussetzung, dass diese Veränderlichkeit nicht sehr gross werde darf vielleicht eine lineare Function $1 + \alpha n$ angenommen werden. Man kommt dann zu dem Resultate, dass i von n und w in der Weise abhängt, dass es sich nur mit dem Aggregat

$$(1 + \alpha n) \frac{n}{w}$$

verändert, in welchem α eine für jede Maschine constante kleine Grösse bedeutet. Demnach müsste der Strom ungeändert bleiben, wenn der Widerstand w sich in demselben Verhältnisse befindet, wie die Grösse $(1 + \alpha n) n$.

Zu einem Ergebnisse von genau derselben Form führt nun auch die Theorie von Clausius. Setzt man nämlich in der allgemeinen Schlussformel (25) die Stromstärke i constant, so findet man, dass der Widerstand von der Tourenzahl nach dem Gesetz einer Function zweiten Grades von obiger Form abhängen muss.

Zur Prüfung der in Rede stehenden Correction kann man aus den Beobachtungen durch Interpolation eine Anzahl zusammengehöriger Werthe von n und w herleiten, für welche i gleich gross ist. Berechnet man dann die zugehörigen Werthe von $\frac{n}{w}$, und stellt diese als Functionen von n dar, so müsste man nach der Frölich-schen Theorie Constanten, also bei graphischer Darstellung horizontale gerade Linien, mit Berücksichtigung der Meyer und Auerbach'schen Correction dagegen, gemäss der Gleichung

$$\frac{n}{w} = \text{const.} \left(\frac{1}{1 + \alpha n}\right) = \text{const.} \, (1 - \alpha n),$$

nach rechts abfallende gerade Linien erhalten. Diese

Berechnung wurde fur vier Werthe der Stromstarke ausgefuhrt und folgende Zahlen erhalten:

1. $i = 0{\cdot}072$ Amp.

n	34	166	167	422	824	867
w	1·78	9·21	9·45	24·4	54·8	66·8
$\frac{n}{w}$	19·1	18·0	17·8	17·3	15·1	12·9

2. $i = 0{\cdot}365$ Amp.

n	113	167	422	505	824
w	1·78	2·68	7·41	9·21	17·47
$\frac{n}{w}$	63·3	62·2	57·0	54·8	47·1

3. $i = 8{\cdot}67$ Amp.

n	298	422	824
w	1·78	2·68	5·42
$\frac{n}{w}$	167	158	152

4. $i = 19$ Amp.

n	477	548	730	792
w	1·75	2	2·75	3
$\frac{n}{w}$	276	274	268	264

In Fig. 49 sind die vier bezüglichen Curven zur Darstellung gebracht, und man sieht, das dieselben sämmtlich nach rechts abfallende gerade Linien sind. Misst man ferner die Stärke dieses Abfalles, d. h. den Differentialquotienten von $\frac{n}{w}$, also die Grösse

$$\frac{d\left(\frac{n}{w}\right)}{dn} = -\text{const.}\ \alpha,$$

und erwägt man, dass »const.« nichts anderes ist, als der Werth von $\frac{n}{w}$ für $n = o$, d. h. die Ordinate der Schnittpunkte der Curven mit der Ordinatenaxe, so findet man für α

0·00013 0·00015 0·00029 0·00025

im Mittel $\alpha = 0·0002$.

Der Einfluss der in Rede stehenden Correction beläuft sich also:

bei 100 Touren auf 2%
» 300 » 6%
» 1000 » 20%
» 2000 » 40%

Es wäre zu wünschen, dass diese Modification der Frölich'schen Theorie noch anderweitig geprüft

Fig. 49.

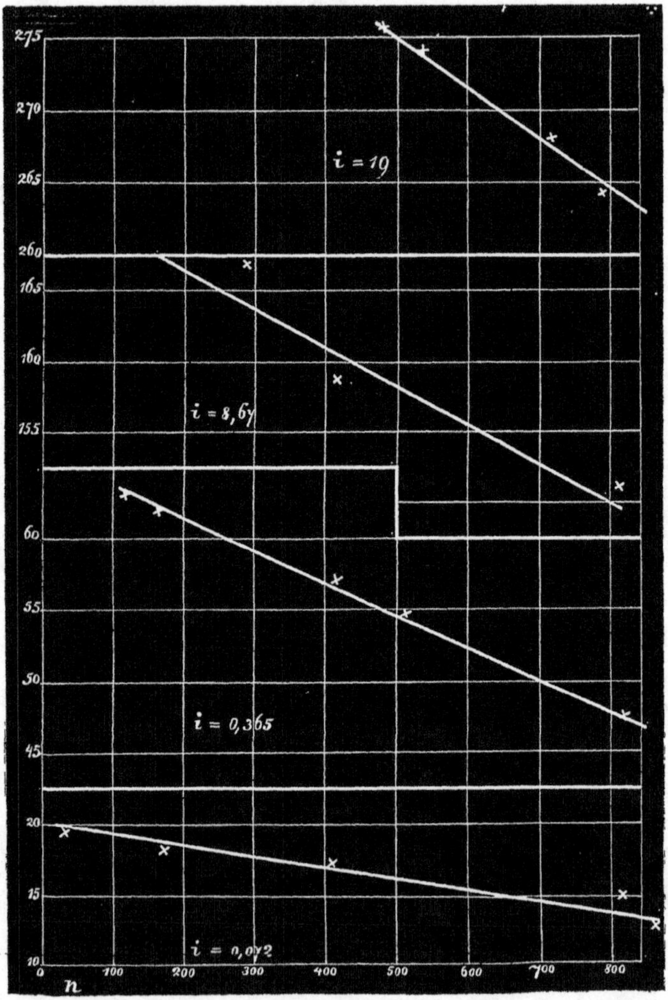
275
270
265
260
165
160
155
60
55
50
45
20
15
10
0
100
200
300
400
500
600
700
800
n
i = 19
i = 8,67
i = 0,365
i = 0,072

wurde. Vorlaufig zeigt sie zum Mindesten Eines: dass den Hauptvorzug der Frolich'schen Theorie, nur eine einzige unabhangige Variable zu besitzen, auch andere Theorien mit ihr theilen; nur ist diese Variable dann nicht mehr $\frac{n}{w}$, sondern eine andere, in dem vorliegenden Falle z. B. der Ausdruck $(1 + \alpha n)\frac{n}{w}$.

Theorie von Stern.

Diese Theorie vervollstandigt diejenige von Clausius nach der einzigen Richtung hin, nach welcher dieselbe einer Vervollstandigung noch fahig ist. Clausius nimmt nämlich an, dass die »Contactlinie«, d. h. die Verbindungslinie der Bursten, senkrecht zur »Pollinie«, d. h. zur Verbindungslinie der Pole des festen Magnetes stehe — eine Annahme, welche unbedenklich war, solange man sie als den thatsachlichen Verhältnissen entsprechend ansehen konnte. Nach den neueren Versuchen ist das aber nicht mehr der Fall, und die im fünften Capitel mitgetheilten Versuche von Stern zeigen, dass die Abweichung, welche gerade dann stattfindet, wenn die Bursten am gunstigsten stehen, schon bei massiger Tourenzahl funfzehn Grad, bei grosser Tourenzahl aber mehr als zwanzig Grad betragt. Für diesen Fall, in welchem also die Contactlinie einen endlichen Winkel φ mit der Senkrechten zur Pollinie einschliesst, lasst sich die Theorie von Clausius folgendermassen modificiren.

Ungeändert bleibt Alles bis zu den Gl. (6) und (7), und auch diese gelten nach wie vor. Auch die beiden in dem Eisenkern, und zwar einerseits durch den festen

Elektromagneten, andererseits von dem Strome in der drehbaren Umwickelung, hervorgerufenen magnetischen Momente sind hier wie dort

$$\frac{CM}{1 + \gamma M} \quad \text{und} \quad \frac{CN}{1 + \gamma N}.$$

Will man aber nun das resultirende Moment bilden, so muss man berücksichtigen, dass die beiden Componenten nicht, wie dort, aufeinander senkrecht stehen, sondern den stumpfen Winkel $\frac{\pi}{2} + \varphi$ mit einander bilden. Die Resultante wird also der Grösse nach

$$P = \frac{C\Pi}{1 + \gamma \Pi} = \frac{C\sqrt{M^2 + N^2 - 2\,MN\,sin\,\varphi}}{1 + \gamma\sqrt{M^2 + N^2 - 2\,MN\,sin\,\varphi}}.$$

und ihre Richtung wird durch die Gleichungen

$$sin\,\psi = \frac{N\,cos\,\varphi}{\Pi} \qquad cos\,\psi = \frac{M - N\,sin\,\varphi}{\Pi}$$

bestimmt, wo ψ derselbe Winkel ist, nach welchem Clausius P in die beiden Componenten P_1 und P_2 zerlegte. Hier dagegen hat man, um analog zu verfahren,

$$P_1 = P\,cos\,(\psi - \varphi) \qquad P_2 = sin\,(\psi - \varphi)$$

zu setzen, so dass hier

$$P_1 = \frac{CM\,cos\,\varphi}{1 + \gamma\Pi} = \frac{CM\,cos\,\varphi}{1 + \gamma\sqrt{M^2 + N^2 - 2\,MN\,sin\,\varphi}}.$$

$$P_2 = \frac{C\,(N - M\,sin\,\varphi)}{1 + \gamma\,\Pi} = \frac{C\,(N - M\,sin\,\varphi)}{1 + \gamma\sqrt{M^2 + N^2 - 2\,MN\,sin\,\varphi}}$$

wird.

Die analogen Modificationen sind auch bei der Berechnung der Arbeit einzuführen, und auch hier sind die Fälle zu unterscheiden, in denen der Eisenkern ruht, an der langsamen oder an der schnellen Rotation theilnimmt. Berücksichtigt man schliesslich noch die Foucaultschen Strome, so findet man die beiden den Clausius-schen Gl. (20) und (21) entsprechenden Gleichungen.

$$P_1'' = \frac{C}{1+\gamma\,\Pi}\left[M\cos\varphi - \varepsilon' n\,(N - M\sin\varphi)\right] - \\ - \eta\, n\,(N - M\sin\varphi)$$

$$P_2'' = \frac{C}{1+\gamma\,\Pi}\,(N - M\sin\varphi + \varepsilon' n\, M\cos\varphi) + \\ + \eta\, n\, M\cos\varphi$$

Ferner werden

$$T = -M\,N\,n\cos\varphi\left(h + \frac{k\,C}{1+\gamma\,\Pi}\right) \\ - k\,M(M - N\sin\varphi)\,n^2\left(\eta + \frac{\varepsilon'\,C}{1+\gamma\,\Pi}\right)$$

$$E\,i = M\,N\,n\cos\varphi\left(h + \frac{k\,C}{1+\gamma\,\Pi}\right) \\ - k\,N\,(N - M\sin\varphi)\,n^2\left(\eta + \frac{\varepsilon'\,C}{1+\gamma\,\Pi}\right) - \varrho\, i^2 n.$$

Setzt man hier die Werthe

$$M = \frac{A\,i}{1+a\,i}\qquad N = B\,i\qquad \Pi = \sqrt{M^2 + N^2 - 2\,MN\sin\varphi}$$

ein, so erhalt man die Gleichungen, welche den oben unter (23) und (24) angefuhrten Schlussgleichungen von Clausius entsprechen.

Die grosse Complication dieser Gleichungen rührt zum grossen Theil daher, dass in ihnen der Winkel φ als willkürliche Veranderliche enthalten ist. Man kann dieselben nun aber ihrerseits dazu benützen, um den für die Stromstärke günstigsten Werth dieses Winkels zu ermitteln. Zunächst ergiebt sich dabei der allgemeine Satz, dass man, um die Maximalstellung des Commutators fur eine beliebige Stromstärke zu erhalten, denjenigen Werth von q suchen muss, für welchen die Resultante der inducirenden Momente senkrecht zur Contactlinie steht. Die Berechnung selbst wird freilich in Folge der Mitwirkung der secundären Erscheinungen recht complicirt. Für Ringmaschinen kann man dabei, gemäss den Versuchen von Isenbeck, eine gewisse Vereinfachung vornehmen. Ferner kann man von der Frölich'schen Elektromagnet-Formel wiederum Gebrauch machen und findet dann schliesslich, wenn $2z$ die Zahl der Ankerspulen, w_a der Widerstand einer einzelnen solchen, V der Coefficient der Selbstinduction und K und k Constanten sind, mit Vernachlässigung von Gliedern höherer Ordnung:

$$i = 4zK\frac{n}{w}\left(1 - zV\frac{n}{w} \quad \frac{V}{zw_a}n\right) \quad k$$

als die der Maximalstellung des Commutators entsprechende Stromstärke. Diese Formel zeigt deutlich, dass der erste Frölich'sche Satz nur in dem Falle gilt, wenn der Coëfficient der Selbstinduction gleich Null ist. Eine zweite Abweichung von jenem Satze wird alsdann, wie Stern später gezeigt hat, durch die Foucault'schen Ströme bedingt; und wenn man in derselben Weise auch die Thatsache der Verschleppung des Magnetismus in die Stern'sche Formel einführte, würde man ein analoges Resultat erhalten. Die Stern'sche Theorie führt also zu denselben Endergebnissen, wie die von Clausius, von welcher sie eine Modification ist.

Andere Theorien.

In Bezug auf die übrigen Theorien, durch welche versucht worden ist, den Zusammenhang der elektrischen und magnetischen Grössen einer Dynamomaschine von den willkürlichen Variablen gesetzmässig darzustellen, muss es hier bei der Knappheit des zu Gebote stehenden Raumes genügen, einige kurze Bemerkungen zu machen. Es kann dies andererseits auch genügen, theils weil sie noch zu neu und unentwickelt sind, als dass sich schon ein Urtheil über sie fallen liesse, theils weil sie, von anderen Anschauungen ausgehend und in andere Form gekleidet, doch im Wesentlichen nichts Anderes und jedenfalls nicht mehr besagen, als die oben ausführlich besprochenen Theorien. Insbesondere gilt dies von den ziemlich zahlreichen in England gegebenen Darstellungen, die überdies vielfach nicht viel mehr als technische Specialprobleme behandeln. Als die wissenschaftlichsten der englischen Theorien sind diejenigen von Silvanus P. Thompson und von G. Kapp zu bezeichnen.

Die Theorie von Thompson ist auf das Gesetz der magnetischen Sattigung des Eisens begründet. Gäbe es nämlich eine solche Sattigung überhaupt nicht, so würde die Wechselwirkung, in welcher, wie wir im fünften Capitel gesehen haben, das Angehen der Maschine besteht, zu einer unbegrenzten gegenseitigen Steigerung der elektrischen und magnetischen Grössen führen. Das dynamo-elektrische Gleichgewicht ist also eine Folge des Sättigungsgesetzes. Geht man nun von der Grundgleichung

$$E = f M n$$

(Cap. 3, Gl. 2) aus und benützt die Frölich'sche Elektromagnet-Formel, so gelangt man zu der Gleichung

$$M = G S i \frac{k}{1 + \sigma S i}$$

und schliesslich zu der Stromformel

$$i = \frac{1}{\sigma}\left(\frac{f\,n\,G\,k}{w} - \frac{1}{S}\right).$$

Hierin ist S die Zahl der Windungen auf dem festen Elektromagnet, also im Allgemeinen bekannt. Zur Bestimmung der Ankerconstante f beschreibt Thompson ausführlich eine einfache Methode. G ist ein Coëfficient, der sich auf die Gestalt und Grösse der Feldmagnete, ihrer Polschuhe und ihrer Wickelung bezieht, und k ist der Coëfficient der magnetischen Permeabilität des Eisens. Will man sich die, übrigens leicht ausführbare directe Bestimmung von G und k ersparen, so kann man ihr Product, das allein in der Formel vorkommt, durch Messung eines Werthes der Stromstärke i ermitteln. Endlich ist σ der magnetische Sattigungs-Coefficient; je kleiner er ist, desto grösser ist die Stromstarke.

Man hat hier von Neuem Gelegenheit, die Wichtigkeit der von v. Waltenhofen u. A. verfolgten Experimente zu ermessen, deren Zweck es ist, die Gesetze der magnetischen Sättigung des Eisens und seiner Sorten festzustellen. Im Uebrigen sind die von uns als secundäre bezeichneten Erscheinungen in der Theorie von Thompson nicht berücksichtigt, und es ist daher nicht zu verwundern, dass das Resultat mit demjenigen von Frölich im Wesentlichen identisch ist. Schliesslich sei noch auf die vielfach angegriffene Theorie von Marcel Deprez, von welcher in den folgenden Capiteln für einzelne Fälle Gebrauch gemacht werden soll, auf die Weinhold'schen Formeln

$$\frac{E}{n} = \alpha - \frac{\beta}{i}$$

$$i = \frac{1}{2}\frac{n}{w}\left(\alpha + \sqrt{\alpha^2 - \frac{4\beta w}{n}}\right),$$

die jedoch nach den neuesten Versuchen ihres Urhebers nur mit Vorsicht anzuwenden sind, sowie auf die Ausführungen v. Waltenhofen's in Bezug auf die Frolich'sche Theorie hingewiesen.

Aus alledem ergiebt sich, dass eine Theorie der Dynamomaschine, mit welcher man sich nach jeder Richtung hin für befriedigt erklären könnte, noch nicht existirt. Die genaueren Gleichungen lassen an Einfachheit, die einfacheren an Genauigkeit zu wünschen übrig. Am grössten ist die Uebereinstimmung zwischen Theorie und Experiment in den Fällen, wo die secundaren Erscheinungen am schwachsten sind. Da nun die Schwächung derselben auch für die Grösse der elektrischen Wirkung der Maschine von gunstigem Einflusse ist, so ist hiermit ein Fingerzeig für die einzuschlagende Richtung gegeben, wobei voll und ganz anzuerkennen ist, dass bei den neuesten Maschinen von Siemens und Halske diese Richtung, und zwar wesentlich durch Frölich's Verdienst, schon mit unleugbarem Erfolge eingeschlagen worden ist. Nur darf nicht unterlassen werden, zu bemerken, dass man, wenn diese Bestrebungen in weniger rationeller Weise verfolgt werden, Gefahr läuft, zur Schwächung der secundären Erscheinungen Massnahmen zu treffen, welche die primären Wirkungen als solche beeinträchtigen.

Noch ein anderer Umstand ist es, welcher die der Frölich'schen Theorie anhaftenden Mängel in vielen Fällen in den Hintergrund treten lässt. Es ist dies die geringe Veranderlichkeit, der enge Bereich der unabhängigen Variablen beim technischen Betriebe aller Maschinen und so auch der Dynamomaschinen. Gerade für die rationelle Ausnützung der Bewegungsenergie zur Erzeugung elektrischer Ströme kommt nur ein, für jede einzelne Maschine verhältnissmässig eng begrenztes Gebiet der Tourenzahl und der Widerstände in Betracht. Da nun die Frölich'sche Theorie für die Stromstärke eine gerade Linie liefert, so wird man sie für die Ermittelung dieser und damit auch für die Ermittelung der übrigen Grössen in vielen Fällen unbedenklich benützen dürfen — umsomehr, als die Erlangung genauerer Formeln von gleicher Einfachheit ziemlich ungewiss ist. Auch im Folgenden werden diese Formeln daher vorzugsweise angewendet werden.

VIII.

Hauptschlussmaschinen.

Wir wollen nunmehr die verschiedenen, im fünften Capitel unterschiedenen Gattungen dynamo-elektrischer Maschinen einzeln untersuchen und beginnen mit der ältesten, constructiv und theoretisch einfachsten Gattung der Hauptschlussmaschine, Maschine mit directer Wickelung oder Serienmaschine. Das Schema derselben ist oben in Fig. 35 veranschaulicht.

Ueber diese Gattung von Maschinen ist nun schon in den beiden vorigen Capiteln Vieles gesagt worden. Die dort gegebenen Auseinandersetzungen haben zwar grösstentheils allgemeine Giltigkeit und nehmen auf eine specielle Schaltung noch keine Rücksicht; direct und ohne weitere rechnerische Behandlung stellen sie aber speciell die Verhaltnisse der Hauptschlussmaschine dar. Und ganz besonders gilt dies von allen denjenigen Betrachtungen und Formeln, bei welchen es sich um die Stromstärke handelt, oder in welchen diese vorkommt; denn eine Grösse, welche man schlechthin als Stromstärke bezeichnen kann, ohne hinzuzusetzen, in welchem Kreise dieselbe herrschen soll, existirt nur bei der Hauptschlussmaschine, weil nur diese einen einzigen, unverzweigten Stromkreis besitzt.

Von den Verhältnissen der Hauptschlussmaschine sind indessen in den letzten beiden Capiteln nur diejenigen zur Sprache gekommen, welche directen Bezug auf die Begründung einer Theorie haben. Gegenwärtig aber ist gerade umgekehrt die Praxis der Dynamomaschine der Gegenstand unserer Darstellung, und zwar sowohl die Praxis ihrer Construction, als auch die Praxis ihrer Benützung.

Von diesem Standpunkte aus erfreut sich — ob mit Recht oder Unrecht, möge dahingestellt bleiben — eine bestimmte Darstellung besonderer Beliebtheit, nämlich die Darstellung, bei welcher man von der sogenannten Charakteristik der Maschine ausgeht. Es ist dies, wie schon im dritten Capitel bei der Untersuchung der magnet-elektrischen Maschine bemerkt wurde, die graphische Darstellung der elektromotorischen

Kraft, welche die betreffende Maschine liefert, falls in ihr der Strom i circulirt, als Function dieser Stromstarke. Um diese Curve zu erhalten, kann man, wie aus dem früher Gesagten sich ergiebt, entweder die Stromstarke mit dem Galvanometer und den Gesammtwiderstand mit der Wheatstone'schen Brücke, oder die Stromstarke wie vorher, statt des Widerstandes aber die Klemmspannung mittelst eines Spannungsmessers und den Maschinenwiderstand mittelst der Brücke ermitteln, falls der letztere nicht schon ein für allemal bestimmt worden war. Die graphische Darstellung selbst fällt im Wesentlichen mit derjenigen zusammen, welche oben in Fig. 46 für den Magnetismus als Function der Stromstärke gegeben wurde; denn diese beiden Grossen (elektromotorische Kraft und wirksamer Magnetismus) sind doch, fur dieselbe Tourenzahl, einander proportional.

In Fig. 50 sind die Charakteristiken einer Siemens-schen Trommelmaschine (S), einer Gramme'schen Ringmaschine (G) und einer Brush-Maschine (B) zur vergleichenden Darstellung gebracht, indem die aus den Beobachtungen an den betreffenden Maschinen sich ergebenden Curven nach einer gleich zu besprechenden Methode auf dieselbe Tourenzahl reducirt wurden; ein grosser Fehler kann dabei nicht gemacht worden sein, weil die Tourenzahlen ohnehin schon nicht sehr verschiedene waren. Alle diese Curven steigen rasch an, erreichen ein Maximum und fallen dann wieder ab. Wie man sieht, nimmt jede der drei Curven einmal die erste Stelle ein: zuerst die Brush-Curve, dann die Gramme-Curve, zuletzt die Siemens-Curve. Die Brush-Curve steigt am rapidesten an, die Siemens-Curve erhalt sich am langsten auf der Höhe, die Gramme-Curve nimmt eine gewisse mittlere Stellung ein. Man könnte hieraus vielleicht schliessen wollen, dass die Gramme'sche Maschine am günstigsten arbeitet, und Marcel Deprez hat dies auch wirklich gethan. Man muss aber zweierlei Umstände in Erwägung ziehen,

Fig. 50.

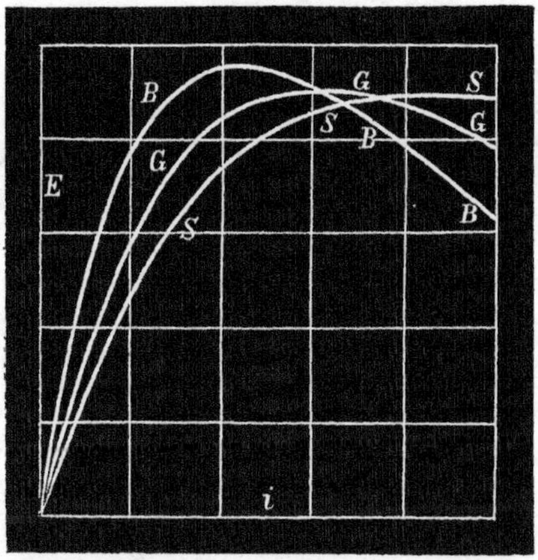

welche diese Schlussweise illusorisch machen. Erstens sind die Siemens'sche und die Brush-Maschine, welche hier in Vergleich gezogen worden sind, älteren Datums, die betreffende Gramme'sche Maschine aber von neuester, vielfach verbesserter Construction. Und zweitens sind die Curven zwar auf gleiche Tourenzahl reducirt, sie unterscheiden sich aber durch die in den drei betreffenden Fällen erforderliche Betriebskraft, die doch für die Praxis ganz besonders schwer in die Wagschale fällt. Wenn man überhaupt eine Bemerkung an die obige graphische Darstellung knüpfen darf, so ist es vielleicht diejenige, welche schon am Schlusse des vorigen Capitels angedeutet wurde: dass nämlich die Bestrebungen, eine dynamo-elektrische Maschine durch rationelle Construction von den schädlichen Secundarwirkungen zu befreien, leicht zu einer Schwächung der primären Hauptwirkungen führen können. Die elektromotorische Kraft der Maschine erhält sich alsdann, wie obige *S*-Curve zeigt, lange auf ihrer Maximalhöhe; aber der Anstieg zu derselben und die maximale Höhe selbst sind dabei beeinträchtigt. Nun ist der damit eintretende Nachtheil einerseits kein erheblicher, weil man die Maschine für die stets nur in engen Grenzen variirende Stromstärke, respective elektromotorische Kraft, für welche sie praktisch benützt werden soll, justiren, d. h. dafür Sorge tragen kann, dass das betreffende Stück der Curve höher liegt, als es bei anderer Construction liegen würde; und andererseits ist die der obigen Darstellung zu Grunde liegende Trommelmaschine, wie gesagt, älterer Construction, und bei den neuesten, von Siemens und Halske gebauten Typen der Trommelmaschine scheint die Lösung des Problems, unter möglichster Schwächung der schädlichen Wirkungen die Hauptwirkung möglichst unbeeinträchtigt zu lassen, in vortrefflicher Weise gelungen zu sein.

Die Fig. 51 lässt die Ursachen des Abfalls der Charakteristik für grosse Stromstärken deutlich erkennen. *AB* ist die Charakteristik einer Ringmaschine mit mässig kräftigen Feldmagneten. Verstärkt man dieselben nun, sei es durch Erhöhung der Windungszahl, sei es durch Verstärkung der Eisenmassen, sei es endlich durch Umformung der Polschuhe, so erhält man die Curve *AC*, bei welcher der Abfall später eintritt

Fig. 51.

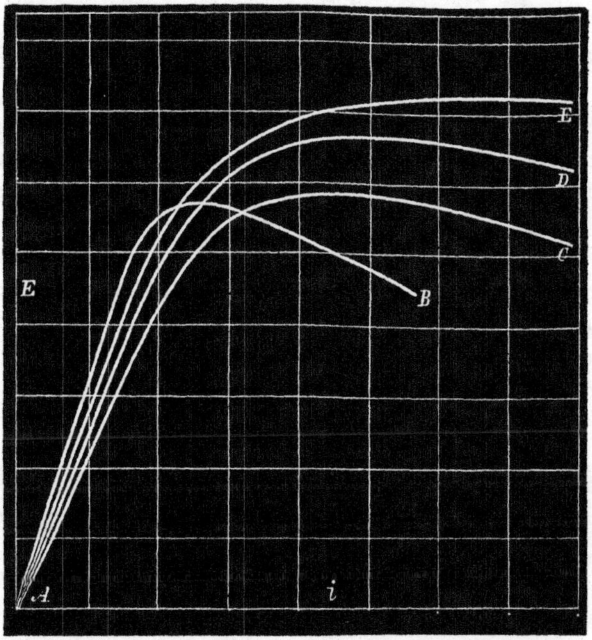

und geringer ist. In noch höherem Grade ist dies bei der Curve *AD* der Fall, welche man erhält, wenn man ohne Ankerstrom arbeitet, so dass die Feldmagnete für sich wirken. Daraus ergiebt sich, dass die Ankerströme die eine, und zwar die hauptsächliche Ursache des in Rede stehenden Abfalles sind. Einen, wenn auch kleinen Abfall zeigt aber auch noch die Curve AD. Derselbe rührt von den Foucault'schen Strömen im Eisen, zum Theil vielleicht auch von den übrigen secundaren Erscheinungen her; schwacht man dieselben so gut es geht, so erhalt man die Curve AE, welche einen Abfall nicht mehr aufweist, sondern asymptotisch einem Maximum sich nähert.

Von grosser Wichtigkeit ist es, aus der für eine bestimmte Tourenzahl entworfenen Charakteristik diejenige für eine andere Tourenzahl ohne neue Beobachtungen ableiten zu können. Hierzu kann ein von Deprez angegebener Satz dienen. Nach diesem Satze verhalten sich die elektromotorischen Kräfte bei derselben Stromstärke wie die Tourenzahlen. Dieser Satz kommt auf den ersten Frolich'schen Satz heraus; denn, wenn in dem einen der beiden zu vergleichenden Falle die elektromotorische Kraft gleich E_1, die Tourenzahl gleich n_1 ist, und wenn E_2 und n_2 die entsprechenden Grössen für den zweiten Fall sind, während w_1 und w_2 die betreffenden Widerstande, i die in beiden Fällen gleiche Stromstärke ist, so hat man die Formeln

$$E_1 = iw_1 \qquad \text{und} \qquad E_2 = iw_2,$$

so dass der Deprez'sche Satz die Form

$$\frac{w_1}{n_1} = \frac{w_2}{n_2} \qquad \text{oder auch} \qquad \frac{n_1}{w_1} = \frac{n_2}{w_2}$$

annimmt. Das heisst aber in Worten, dass, wenn in zwei verschiedenen Fällen i denselben Werth hat, auch das Verhältniss $\frac{n}{w}$ denselben Werth hat, $\frac{n}{w}$ also eine

Function von i und umgekehrt i eine Function von $\frac{n}{w}$ ist.

Wir wissen hiernach von vornherein, dass der Satz von Deprez nur unter Vernachlässigung der secundären Erscheinungen gelten wird, also nur Anwendung wird

Fig. 52.

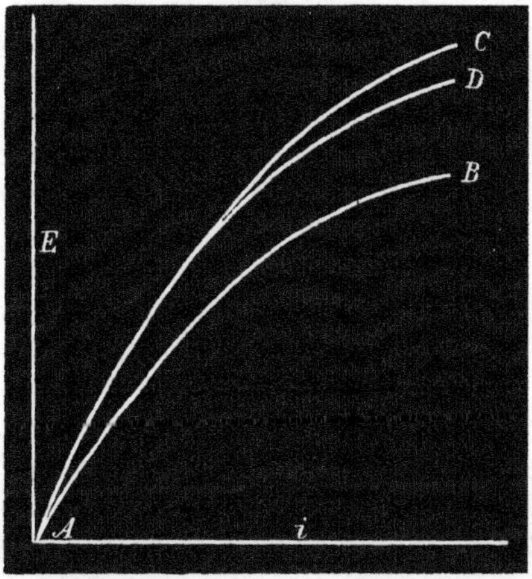

finden dürfen für Maschinen, bei welchen jene Erscheinungen geringfügig sind oder in besonderen Fällen, z. B. wenn die beiden Tourenzahlen nicht weit auseinander liegen. Man braucht dann nur einfach jede Ordinate der Curve AB in Fig. 52 im Verhältniss der Tourenzahl zu vergrössern, um so die neue Curve AC zu erhalten. Um den Grad der Genauigkeit dieser Methode erkennen zu lassen, führt Kittler eine Versuchsreihe an einer Wiener

Ringmaschine an, bei welcher, als man die Tourenzahl von 794 auf 901 steigerte, also im Verhaltniss von 1·135:1, die elektromotorische Kraft im Verhaltniss von 1·112:1 stieg. Noch deutlicher zeigt sich die Abweichung in folgender Tabelle, die aus den schon mehrfach benützten Versuchen von Stern abgeleitet wurde:

$$\frac{n_2}{n_1} = \frac{888}{509} = 1{\cdot}65$$

i	E_1	E_2	$\frac{E_2}{E_1}$
3·67	20·0	32·6	1·63
9·61	41·6	67·5	1·62
21·36	67·6	107·4	1·59
37·96	78·5	125·6	1·58

Das Verhältniss der elektromotorischen Krafte ist, wie man sieht, um einige Procent kleiner als das Verhältniss der Tourenzahlen, und zwar in diesem Falle mit zunehmender Stromstärke in zunehmendem Masse.

Man kann dieselbe Abweichung auch in der Weise verfolgen, dass man für denselben Werth von i, aber wachsende Werthe von n das Verhältniss $\frac{E}{n}$ bildet; wie die folgende, aus Stern'schen Versuchen abgeleitete Tabelle zeigt, erhält man dann eine abnehmende Reihe von Werthen:

$i = 20$

n	E	$\frac{E}{n}$	n	E	$\frac{E}{n}$
507	66	0·131	1329	155	0·116
672	81	0·121	1802	206	0·114
895	105	0·117	2394	269	0·113
1140	131	0·115	2785	303	0·109

Das Ergebniss ist, dass an die Stelle der Curve AC in Fig. 52 die Curve AD tritt. Für die Construction derselben hat man dann freilich keine bestimmten Anhaltspunkte mehr; man kann sie aber, wenn man sich nicht mit der Curve AC begnügen will, aus dieser erhalten, indem man einen Durchschnittsbetrag von 2 Procent von den Ordinaten derselben abzieht.

Zwei weitere Aufgaben von Wichtigkeit beziehen sich auf die Ermittelung derjenigen der beiden Grössen: Gesammtwiderstand und Klemmspannung, welche behufs Aufstellung der Charakteristik nicht beobachtet worden ist. Nehmen wir also zuerst an, die Charakteristik sei aus Stromstärke und Klemmspannung gebildet, und es handle sich um die Ermittelung des Gesammtwiderstandes für eine beliebige Stromstärke, d. h. für alle Punkte der Curve. Die Lösung ist sehr einfach; denn da in Fig. 53 $PA = E$, $OA = i$ ist, so ist

$$w = \frac{E}{i} = tang\, \alpha,$$

in Worten: der irgend einem Punkte der Charakteristik entsprechende Widerstand ist gleich der trigonometrischen Tangente des Neigungswinkels der Verbindungslinie des Punktes mit dem Anfangspunkte. Bequemer ist es, den Widerstand auf

Fig. 53.

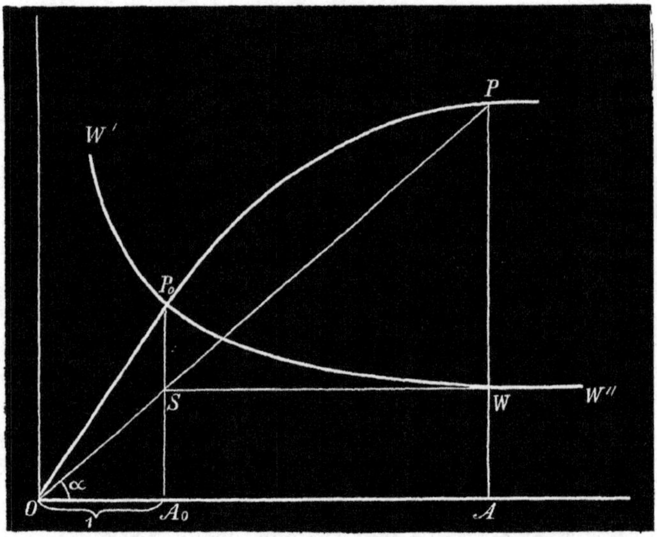

einer Linie abzutragen; man erreicht dies einfach, indem man denjenigen Punkt P_0 der Curve aufsucht, für welchen $OA_0 = i = 1$ ist; dann wird für diesen Punkt das Perpendikel $P_0\,A_0$ geradezu der Widerstand, und für jeden anderen Punkt P ist derselbe gleich SA_0, wo S der Schnittpunkt von OP mit $P_0\,A_0$ ist. Will man endlich die so gefundenen Widerstände in einer Curve darstellen, so braucht man nur durch S eine Parallele zur Abscissenaxe zu ziehen; der Schnittpunkt W derselben mit PA ist der der Stromstarke i, also dem Punkte P entsprechende Punkt der Widerstandscurve $W' W''$. Wichtiger als diese Curve ist freilich die reciproke, durch welche i als Function von w dargestellt wird, und welche wir schon in Fig. 41 auf Grund der Versuche von Meyer und Auerbach kennen gelernt haben.

Zweitens wollen wir annehmen, man habe die Charakteristik mit Hilfe der Stromstärke und des Gesammtwiderstandes entworfen, dann kann man die Klemmspannung und die sie darstellende Curve ohne weitere Versuche finden, unter der Voraussetzung, dass man im Stande ist, den Gesammtwiderstand in seine beiden Bestandtheile: Maschinenwiderstand und äusserer Widerstand, zu zerlegen. Hierzu bedarf es aber nur der Loslösung des letzteren und seiner Einschaltung in eine Brücke. Man habe auf diese Weise den Maschinenwiderstand gleich w_0 gefunden. Um alsdann für eine gegebene Stromstärke die Klemmspannung zu finden, hat man nur nöthig zu erwägen, dass diese Grösse derjenige Theil der gesammten, von der Maschine gelieferten elektromotorischen Kraft ist, welcher nicht im Innern derselben, bei der Ueberwindung ihrer Widerstände verloren geht. Es ist also

$$e = E - iw_0,$$

eine Beziehung, von welcher übrigens im sechsten Capitel bei Anführung der Kittler'schen Versuche schon die Rede war. Trägt man also (Fig. 54) über jedem Abscissenpunkte das w_0-fache seiner Abscisse als Ordinate auf, vereinigt die Endpunkte der Ordinaten zu einer

Linie e_0 und bildet nun diejenige Curve, deren Ordinaten die Differenzen der entsprechenden Ordinaten der Curven E und e_0 sind, so erhält man die Klemmspannungscurve e oder, nach der Ausdrucksweise von Silvanus P. Thompson, die »aussere Charakteristik« der Maschine.

Fig. 54.

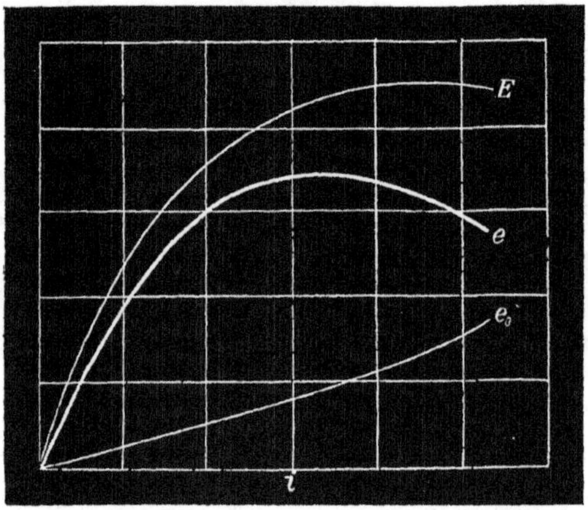

Da die Charakteristik einer Hauptschlussmaschine aus zwei Stücken besteht, nämlich einem im Grossen und Ganzen geradlinig aufsteigenden und einem zweiten, erst mässig ansteigenden, dann mässig abfallenden, im Grossen und Ganzen sich also auf derselben Höhe haltenden Stücke, so kann man den Punkt der Curve in welchem die beiden Stücke aneinander grenzen, den »kritischen Punkt« der Maschine nennen, wie es Thompson gethan hat. Es fragt sich nur, welche

Variable massgebend fur die Lage desselben sei, ob die Tourenzahl oder der Widerstand oder endlich die Stromstarke. Mit Genauigkeit wird dies in Bezug auf keine der drei Grossen allein der Fall sein; denkt man aber an die Deprez'sche Regel, betreffend den proportionalen Verlauf der für verschiedene Tourenzahlen entworfenen Charakteristiken, so sieht man ein, dass der kritische Punkt stets bei ziemlich derselben Stromstarke eintritt; diesen, der betreffenden Maschine eigenthümlichen Werth der Stromstärke hat man demgemäss als ihre »kritische Stromstärke« zu bezeichnen. Je grösser eine Maschine ist, desto grösser wird dieselbe im Allgemeinen sein; dass sie im Uebrigen auch von der speciellen Construction der Maschine in hohem Grade abhangig ist, zeigt ein Blick auf die Fig. 50 (S. 151).

Wir wollen nun zusehen, wie sich die Frölich'sche Theorie fur Hauptschlussmaschinen gestaltet. Zu diesem Zweck ist die folgende, für alle Gattungen von Maschinen giltige Betrachtung vorauszuschicken.

Die Gleichungen (29) und (30) des siebenten Capitels, von denen wir auszugehen haben, nehmen, wenn $\frac{1}{p}$ statt α geschrieben wird, folgende Form an:

$$M = \frac{pi}{1 + pi} \quad (1^a) \qquad i = f\frac{n}{w} - \frac{1}{p}. \quad (1^b)$$

Aus der ersten derselben entnimmt man den Massstab von M; denn da für $i = \infty$ $M = 1$ wird, so ist der maximale Magnetismus der Maschine die Einheit jenes Massstabes, und in allen übrigen Fällen der Magnetismus der Maschine ein echter Bruch. Die dem

Maximalwerthe des Magnetismus entsprechende Stromstärke, welche i_1 heissen möge, nimmt, da allgemein

$$i = f M \frac{n}{w}$$

ist, den Werth

$$i_1 = f \frac{n}{w}$$

an, d. h. die rechte Seite der zweiten der Gl. (1) reducirt sich in diesem Falle auf ihr erstes Glied. Es möge gleich hier darauf aufmerksam gemacht werden, dass die Ankerconstante f, also das ganze in Rede stehende Glied, nur von der Beschaffenheit des Ankers abhangig ist, also den Namen des Ankergliedes verdient. Betrachten wir nun zweitens den speciellen Fall, dass $M = \frac{1}{2}$ wird, und nennen wir die entsprechende Stromstärke $i_{\frac{1}{2}}$, so folgt aus der Gl. (1)

$$\frac{1}{2}\left(1 + p\, i_{\frac{1}{2}}\right) = p\, i_{\frac{1}{2}},$$

also

$$i_{\frac{1}{2}} = \frac{1}{p}. \qquad (1^c)$$

In diesem Falle reducirt sich also der Ausdruck fur die Stromstarke, dem absoluten Werthe nach, auf das zweite Glied. Im Gegensatze zu jenem ersten kann dieses als Schenkelglied bezeichnet werden. Auf diese Weise gelangt man zu folgenden beiden Sätzen:

1. Die Stromstärke, und ebenso jede andere einfache elektrische Grösse (elektromotorische Kraft, Klemmspannung) ist gleich der Differenz

zweier Grössen derselben Beschaffenheit, von denen die erste dem Magnetismus 1, die zweite dem Magnetismus $\frac{1}{2}$ entspricht.

2. Jede einfache elektrische Grösse ist gleich der Differenz zweier Grössen derselben Beschaffenheit, von denen die erste nur von dem Anker, die zweite nur von den Schenkeln abhängt.

Hiernach erhält man fur eine Hauptschlussmaschine folgende Formeln:

$$i_1 = f\frac{n}{w} \qquad E_1 = fn \qquad e_1 = fn\frac{w - w_0}{w} = fn\frac{w_a}{w}, \qquad (2)$$

wo w_a der äussere Widerstand und E_1 und e_1 die Werthe der elektromotorischen Kraft und der Klemmspannung fur $M = 1$ sind.

Ebenso:

$$i_{\frac{1}{2}} = i_{\frac{1}{2}} \qquad E_{\frac{1}{2}} = i_{\frac{1}{2}} w \qquad e_{\frac{1}{2}} = i_{\frac{1}{2}} w^a, \qquad (3)$$

wo $E_{\frac{1}{2}}$ und $e_{\frac{1}{2}}$ die Werthe der elektromotorischen Kraft und der Klemmspannung fur $M = \frac{1}{2}$ sind.

Folglich wird:

$$i = f\frac{n}{w} - i_{1/2} \qquad (4)$$

$$E = fn - i_{1/2}\, w \qquad (5)$$

$$e = fn\frac{w_a}{w} - i_{1/2}\, w_{1/2}. \qquad (6)$$

Für den Magnetismus ergiebt sich die folgende Reihe von Ausdrücken, die man je nach Zweck anwenden wird:

$$M = \frac{i}{\frac{1}{p} + i} = \frac{i}{i_{1/2} + i} = \frac{i}{i_1} = \frac{i_1 - i_{1/2}}{i_1} \quad (7)$$

Der vorletzte dieser Ausdrucke fuhrt zu dem Satze, dass der Magnetismus gleich dem Verhaltniss des wirklich stattfindenden Stromes zu dem Maximalstrom ist. Um also den vorhandenen Magnetismus zu ermitteln, braucht man nur, wie Fig. 55 zeigt, auf der einen von zwei auf einander senkrechten Linien die Längeneinheit, auf der anderen die Strecke i_1 und von deren Endpunkte aus ruckwärts die Strecke $i_{1/2}$ aufzutragen; zieht man dann die Linie $i_1 1$ und zu dieser durch $i_{1/2}$ die Parallele $i_{1/2} M$, so ist M der Endpunkt der den Magnetismus darstellenden Strecke. Je kleiner $i_{1/2}$ ist, desto naher rucken die beiden Parallelen an einander, desto mehr nahert sich also auch M seinem Maximalwerthe 1; man muss also, um dies zu erreichen, einen bestimmten Magnetismus $^1/_2$ durch einen möglichst kleinen Strom zu erzielen suchen, was sich dadurch erreichen lässt, dass man den Feldmagneten (Schenkeln) viel Eisen und zahlreiche Windungen giebt: wie man diese beiden Factoren zu combiniren habe, davon wird spater die Rede sein.

Ist von den beiden Variablen n und w erstere constant, letztere variabel, so erhalt man wegen der Gleichung

$$(i + i_{1/2})\, w = f\, n$$

fur i als Function von w eine gleichseitige Hyperbel (Fig. 56), welche aber die Abscissenaxe nicht zur Asymptotenachse hat, sondern im Endlichen schneidet. Man vergleiche diese Curve mit der entsprechenden, aber aus der Erfahrung abgeleiteten Curve der Fig. 41, sechstes Capitel, welche in ihrem ersten Theile starker, in

Fig. 55.

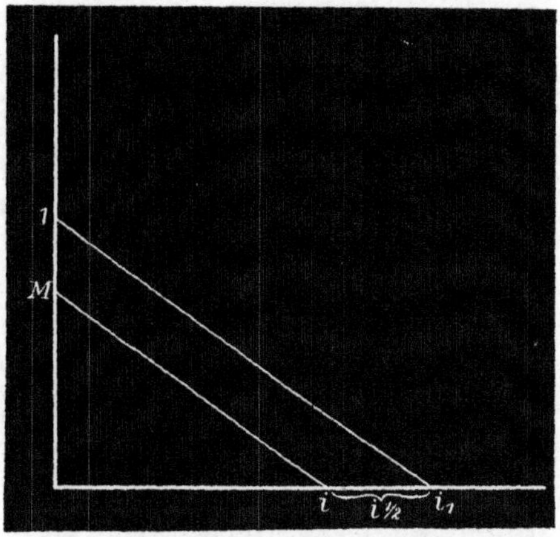

Fig. 56.

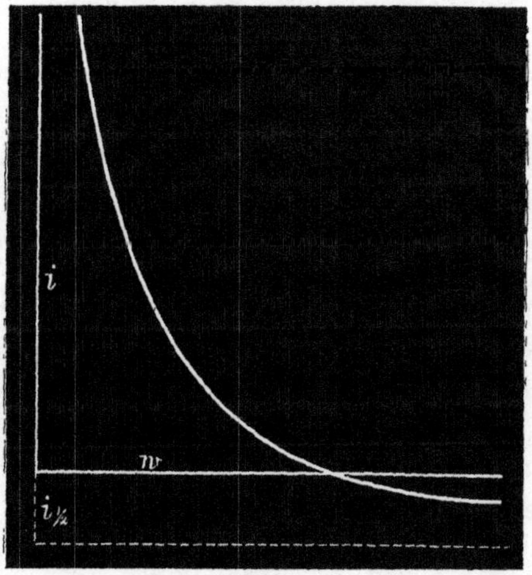

ihrem letzten Theile weniger stark abfällt, die Abscissenaxe in Folge dessen zur Asymptote erhält, die Natur einer gewöhnlichen Hyperbel zweiten Grades dadurch aber einbüsst.

Die Abhängigkeit der elektromotorischen Kraft vom Widerstande wird gemäss der Gleichung

$$E = fn - i_{1/2}\, w \tag{8}$$

durch eine abfallende gerade Linie (Fig. 57) dargestellt, während nach den Versuchen von Meyer und Auerbach, Stern und Anderen die bezügliche Curve aus zwei ziemlich horizontalen, durch ein stark abfallendes Stück verbundenen Linien besteht. Derartige Curven sind oben in Fig. 42 dargestellt. Hier möge zur Vergleichung noch eine aus Versuchen von Stern abgeleitete Curve Platz finden, welche aus drei fast geradlinigen und mit einander scharfe Ecken bildenden Theilen besteht.

Aus der elektromotorischen Kraft erhält man die Klemmspannung gemäss der Gleichung

$$e = E\frac{w_a}{w},$$

d. h. indem man die Curve der elektromotorischen Kraft in dem von Punkt zu Punkt variirenden Verhältniss $\frac{w_a}{w}$ verjüngt; so erhält man die beiden in Fig. 58 dargestellten Curven F (Frölich'sche Theorie) und S (Beobachtungen von Stern). Beide Curven stimmen darin überein, dass sie zuerst stark ansteigen, dann ein Maximum erreichen und schliesslich (die experimentelle Curve durch einen Inflexionspunkt hindurch) fallen. Den Werth von w, fur

Fig. 57.

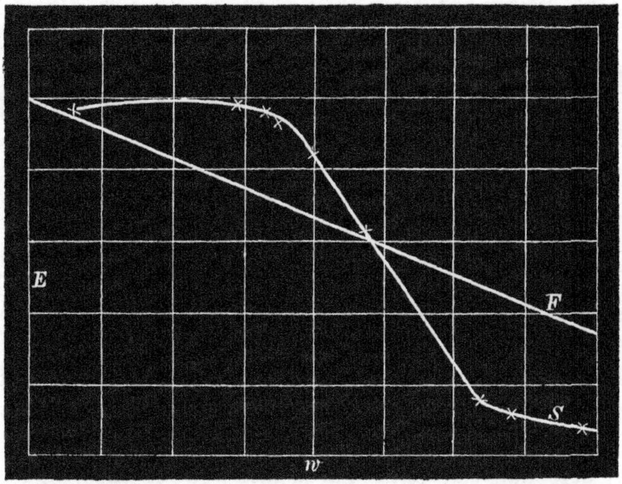

Fig. 58.

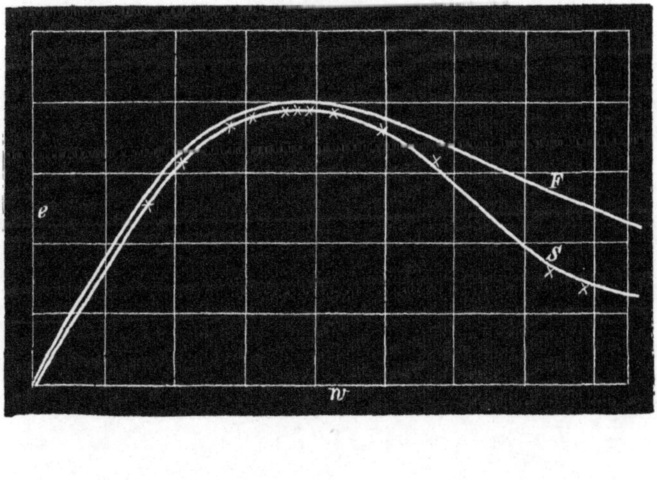

welchen die Klemmspannung ein Maximum wird, erhalt man, wenn man

$$e = fn\frac{w_a}{w} - i_{1/2} w_a \qquad (9)$$

nach w oder, was auf dasselbe hinauskommt, nach w_a differenzirt und das Resultat gleich Null setzt. Man findet auf diese Weise

$$w_{max} = \sqrt{\frac{fn}{i_{1/2}}}\, w_0.$$

Frölich verfolgt die Curven fur i, W und w bis zu ihren Schnittpunkten mit der Abscissenaxe, findet, dass diesen ein und derselbe Werth von w entspricht und nennt diesen Widerstand denjenigen, bei welchem die Maschine stromlos wird. Was man sich indessen hierunter vorzustellen habe, und warum fur grössere Widerstände die Maschine keinen Strom mehr liefern soll, ist nicht einzusehen; und in der That weisen alle experimentellen Curven, von welchem Beobachter sie auch herrühren mögen, einen Schnittpunkt mit der Abscissenaxe nicht auf, sondern nähern sich derselben asymptotisch.

Ist der Widerstand constant, dagegen die Tourenzahl variabel, so erhalt man fur alle drei Grössen i, E und e lineare Functionen, also gerade Linien (Fig. 59). Diese Linien haben einen gemeinsamen Schnittpunkt mit der Abscissenaxe, für welchen die Tourenzahl den Werth

$$n_0 = \frac{1}{f} \cdot i_{1/2}\, w$$

besitzt. Diesen Werth nennt Frölich die todten Touren,

indem er annimmt, dass eine dynamo-elektrische Maschine erst zu wirken, und zwar von dem etwa vorhandenen remanenten Magnetismus unabhangig zu wirken beginne, wenn die Tourenzahl einen gewissen Werth übersteigt.

Fig. 59

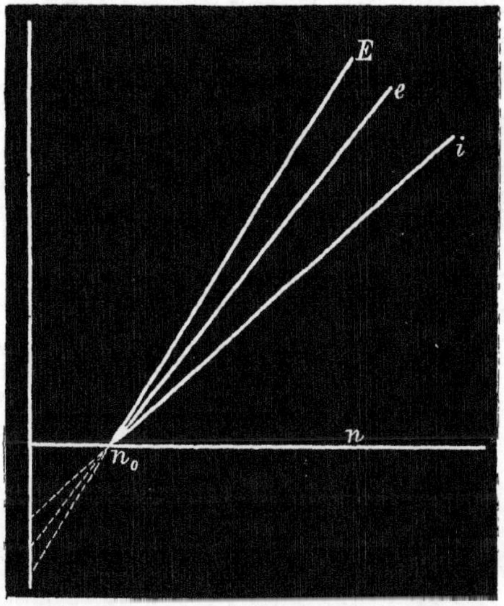

Es ist theoretisch moglich, dass solche todte Touren existiren; es scheint aber, dass sie experimentell noch von keiner Seite mit Sicherheit nachgewiesen worden sind, während aus mehreren Versuchsreihen, z. B. denen von Meyer und Auerbach, ihre Nichtexistenz für gewisse Maschinen mit grosser Wahrscheinlichkeit gefolgert werden konnte. Die todten Touren sind also jedenfalls keine allgemeine Eigenthümlichkeit der dynamo-elektrischen Maschinen.

In der Praxis sind es nicht gerade immer die beiden Grossen n und w, welche gegeben sind, sondern es konnen dies irgend zwei von den fünf Grössen n, w, i, E und e sein. Zur Berechnung der drei übrigen dienen alsdann, innerhalb der Grenzen und mit dem Genauigkeitsgrade der Frölich'schen Theorie, die folgenden Formeln, wenn vorher auf irgend eine Weise für die betreffende Maschine die beiden Constanten f und p, oder, was dasselbe ist, f und $i_{1/2}$ bestimmt worden sind.

1. Gegeben: n und w

$$i = f\frac{n}{w} - i_{1/2} \qquad E = i\,w \qquad e = i\,w_a. \tag{I}$$

(Der innere Widerstand der Maschine w_o wird stets als bekannt angenommen, so dass mit w auch w_a bekannt ist.)

2. Gegeben: n und i

$$w = \frac{f\,n}{i + i_{1/2}} \qquad E = i\,w \qquad e = i\,w_a. \tag{II}$$

3. Gegeben: n und E

$$w = \frac{f\,n - E}{i_{1/2}} \qquad i = \frac{E}{w} \qquad e = i\,w_a. \tag{III}$$

4. Gegeben: n und e

$$\left.\begin{aligned} w &= \frac{1}{2}\left(\frac{f\,n - e}{i_{1/2}} + w_o\right) - \\ &- \sqrt{\frac{1}{4}\left(\frac{f\,n - e}{i_{1/2}} - w_o\right)^2 - \frac{e\,w_o}{i_{1/2}}} \\ i &= \frac{e}{w_a} \qquad E = i\,w \end{aligned}\right\} \tag{IV}$$

5. Gegeben: w und i

$$n = \frac{1}{f} w (i + i_{1/2}) \qquad E = iw \qquad e = i w_a. \qquad \text{(V)}$$

6. Gegeben: w und E

$$i = \frac{E}{w} \qquad e = E - i w_0 \qquad \text{(VI)}$$

$$n = \frac{1}{f} w (i + i_{1/2}).$$

7. Gegeben: w und e

$$i = \frac{e}{w_a} \qquad E = i w \qquad n = \frac{1}{f} w (i + i_{1/2}). \qquad \text{(VII)}$$

8. Gegeben: E und i

$$w = \frac{E}{i} \qquad e = E - i w_0 \qquad n = \frac{1}{f} w (i + i_{1/2}), \qquad \text{(VIII)}$$

9. Gegeben: E und e

$$i = \frac{E - e}{w_0} \qquad w = \frac{E}{i} \qquad n = \frac{1}{f} w (i + i_{1/2}). \qquad \text{(IX)}$$

10. Gegeben: i und e

$$w = \frac{e}{i} + w_0 \qquad E = i w \qquad n = \frac{1}{f} w (i + i_{1/2}). \qquad \text{(X)}$$

Wir haben nun noch die elektrischen Arbeitsgrossen in Betracht zu ziehen, d. h. den Nutzeffect, den totalen elektrischen Effect und den elektrischen Wirkungsgrad oder das elektrische Guteverhaltniss. Die Definition dieser drei Grössen bleibt natürlich dieselbe, wie sie im dritten Capitel für die magnet-elektrische Maschine gegeben wurde. (S. 55.)

Der elektrische Nutzeffect (nicht zu verwechseln mit dem, was Frölich so nennt, und was sonst meist Wirkungsgrad oder Guteverhaltniss heisst) ergiebt sich aus der Gleichung

$$l = ei = i^2 w_a, \tag{10}$$

der totale elektrische Effect aus der Gleichung

$$L = Ei = i^2 w \tag{11}$$

und folglich der elektrische Wirkungsgrad

$$\lambda = \frac{l}{L} = \frac{w_a}{w}. \tag{12}$$

Der elektrische Wirkungsgrad ist also bei den Hauptschlussmaschinen (gerade wie bei den magnet-elektrischen) gleich dem Verhältniss des äusseren Widerstandes zum Gesammtwiderstande.

Ein Beispiel liefert die folgende, auf die schon oben (S. 109) angeführten Versuche von Kittler bezügliche Tabelle; die Tourenzahl ist für alle Versuche dieselbe (etwa 1306), l und L sind durch Division mit 736 in Pferdekräften, λ durch Multiplication mit 100 in Procenten ausgedrückt.

i	e	E	l	L	λ in %
20·69	58·98	89·2	1·658	2·508	66
19·09	60·69	88·0	1·574	2·283	69
16·48	63·45	86·3	1·421	1·933	74
15·32	63·80	84·8	1·328	1·765	75
13·06	66·59	83·9	1·182	1·491	79
10·88	65·97	80·2	0·976	1·186	82
9·26	63·68	75·6	0·802	0·954	84
5·77	53·29	60·6	0·417	0·475	88
1·85	23·39	25·7	0·059	0·065	91
0·00	8·00	8·0	0·000	0·000	100

Nach den Zahlen dieser Tabelle sind in der hier folgenden Fig. 60 die drei Grössen l, L und λ graphisch dargestellt, und zwar als Functionen des Gesammtwiderstandes w, der sich durch Division der dritten Columne durch die erste ergiebt. Wie man sieht, nimmt sowohl l als auch L mit zunehmendem Widerstande erst rascher, dann allmalig langsamer ab, und zwar ersteres in schwächerem Grade als letzteres; die Folge davon ist, dass λ mit wachsendem Widerstande zunimmt und sich asymptotisch dem Maximalwerthe 1 nähert. Wir erhalten also in Uebereinstimmung mit Gl. (12) den Satz, dass der Wirkungsgrad einer Hauptschlussmaschine desto grösser ist, je grösser bei gleicher Tourenzahl der Widerstand ist.

Aus der Frölich'schen Theorie erhält man für die drei in Rede stehenden Grossen die Formeln

$$l = (e_1 - e_{1/2})(i_1 - i_{1/2}) = \left(f\frac{n}{w} - i_{1/2}\right)^2 w_a \quad (13)$$

$$L = (E_1 - E_{1/2})(i_1 - i_{1/2})\left(f\frac{n}{w} - i_{1/2}\right) w. \quad (14)$$

Die Curven, welche hiernach die Abhängigkeit der Grössen l und L vom Widerstande ausdrücken, sind Parabelzweige und entsprechen daher einigermassen dem Charakter der in der umstehenden Figur dargestellten Beobachtungscurve.

Ist andererseits der Widerstand constant, die Tourenzahl variabel, so ist zunächst klar, dass der Wirkungsgrad hierdurch nicht berührt wird, da in ihm die Tourenzahl gar nicht vorkommt, und dass demgemäss l und L durch einander völlig entsprechende Curven dargestellt werden. Zum Entwurfe dieser Curven mögen die Beob-

Fig 60.

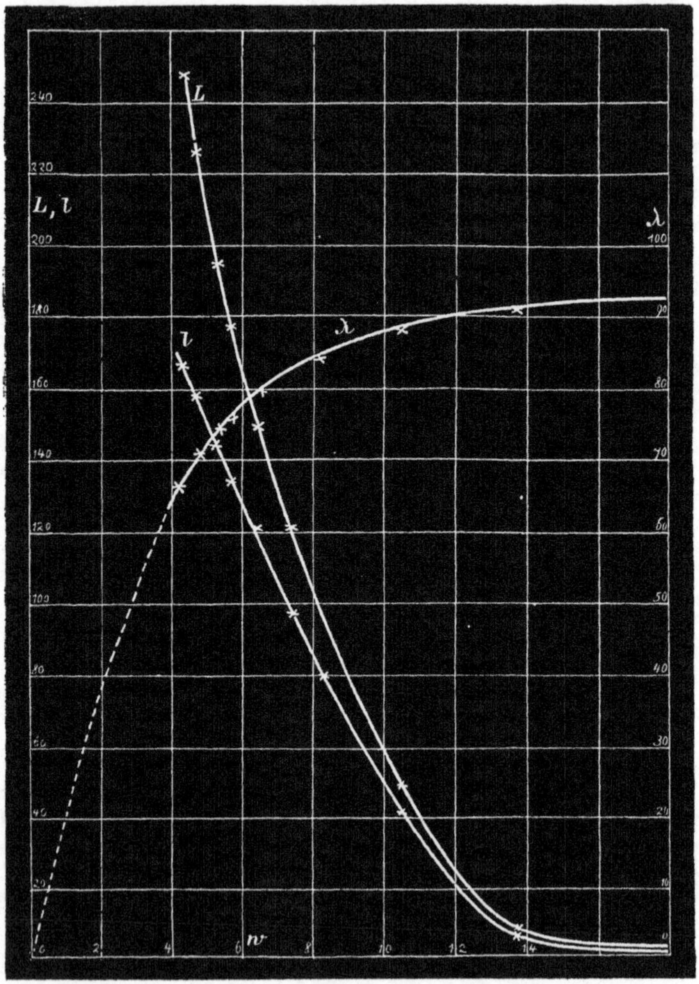
L, l
λ
L
l
λ
w
240
220
200
180
160
140
120
100
80
60
40
20
0
2
4
6
8
10
12
14
100
90
80
70
60
50
40
30
20
10

achtungen von Stern dienen, und zwar für den willkurlich herausgegriffenen Widerstand $w =$ ca. 3·06, wobei der Wirkungsgrad $\lambda = 53$ Procent ist.

n	i	e	E	l	L
58	0·41	0·66	1·25	0·0004	0·0008
79	0·55	0·88	1·68	0·0007	0·0013
160	0·95	1·51	2·89	0·0019	0·0036
308	1·90	3·12	5·88	0·0081	0·0153
507	21·4	36·7	67·6	1·070	2·019
850	40·8	65·9	125·3	3·68	6·95
1182	53·8	91·7	170·3	6·74	12·91
2255	95·1	152	290	19·6	36·9

Die hieraus sich ergebenden Curven für l und L sind in Fig. 61 dargestellt. Wie man sieht, ist sowohl der Nutzeffect als auch der totale elektrische Effect bei dem herrschenden Widerstande von 3 Ohm (wovon ungefähr die Hälfte auf den inneren, die Hälfte auf den äusseren kommt) bis zu einer Tourenzahl von etwa 300 so gut wie Null, um dann fast plötzlich und rapide zu steigen. Es hängt dies theilweise mit dem remanenten Magnetismus der Maschine, zum bei weitem grösseren Theile aber mit der eigenthümlichen Wirkungsweise der dynamo-elektrischen Maschine zusammen.

Betrachten wir auch hier wieder die Frölich'schen Formeln (13) und (14), so zeigt sich, dass dieselben auch für die Abhängigkeit der Grössen l und L von n Curven zweiten Grades ergeben; es ist aber augenscheinlich, dass die Curven der obigen Figur sich damit nicht vereinigen lassen. Der Grund der Abweichung liegt auch hier wieder darin, dass den secundären Erscheinungen

Fig. 61.

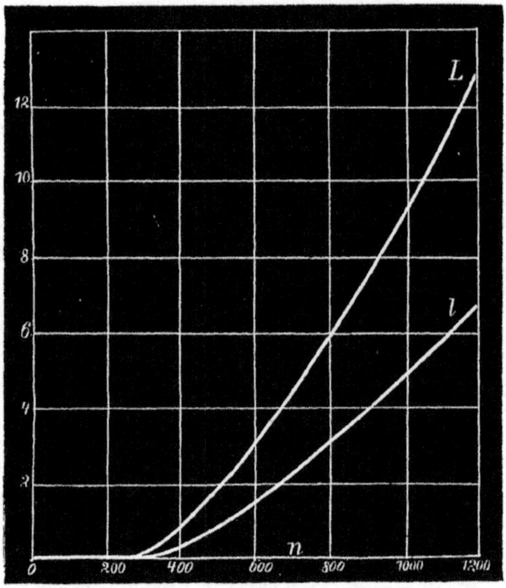

bei den thatsächlichen Verhältnissen der Ringmaschine (auf eine solche beziehen sich die obigen Curven) ein verhältnissmässig grosser, bei den idealen Annahmen der Frölich'schen Theorie aber gar kein Einfluss zukommt. Geht man noch weiter und denkt sich eine ideale Maschine, bei welcher in Folge der grossen Eisen- und Kupfermassen des Feldes auch die selbständige Ankerwirkung gering, der Magnetismus aber nahezu gleich seinem Maximum wird, so wird $i_{1/3}$ sehr klein, und folg-

Fig. 62.

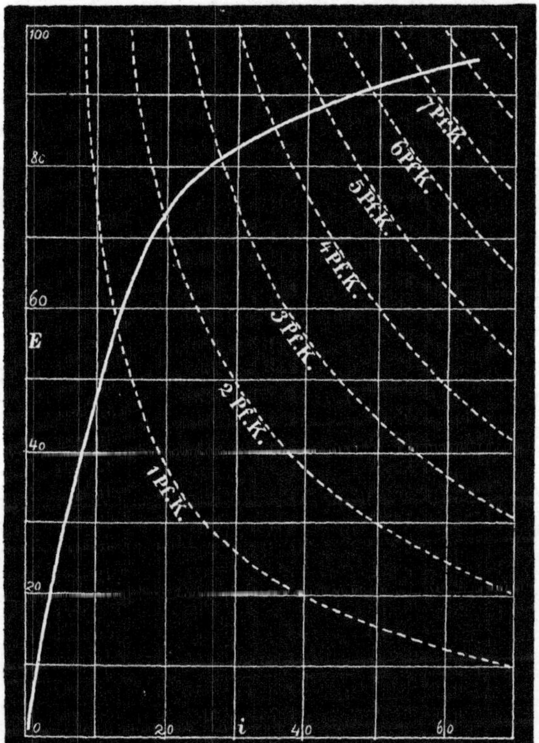

lich die beiden Effecte (der totale und der Nutzeffect) dem Quadrate der Tourenzahl proportional. Es lässt sich nicht leugnen, dass diese von Frolich hervorgehobenen Verhältnisse die Bezeichnung von idealen Verhältnissen verdienen, und dass man, unter Beachtung der übrigen wesentlichen Umstande, versuchen muss, ihnen möglichst nahe zu kommen.

Den Beschluss dieses Capitels möge eine interessante und anschauliche Darstellung bilden, welche von Silvanus P. Thompson herrührt, und bei welcher die Wiedergabe der Charakteristik mit der Wiedergabe der sogenannten »Pferdekraft-Curven« verbunden wird. Es sind das diejenigen Linien, welche alle das gleiche Product ergebenden Werthpaare von i und E mit einander verbinden, welche also gleichen Werthen des elektrischen Effectes entsprechen. Solcher Curven sind in Fig. 62 neben der Charakteristik eine Anzahl verzeichnet, und zwar für eine Siemens'sche Trommelmaschine. Die Curven bilden, wie leicht einzusehen, ein System gleichzeitiger Hyperbeln. Das Gesagte bezieht sich auf den totalen elektrischen Effect; es ist aber ohne weiteres klar, dass man mit der Klemmspannungscurve eine ganz analoge Darstellung des elektrischen Nutzeffectes verknüpfen kann, und dass man auch in diesem Falle ein System gleichseitiger Hyperbeln erhält.

IX.

Nebenschlussmaschinen.

Die Anordnung der Leitung bei dieser Gattung von Maschinen ist durch die Fig. 36, funftes Capitel, veranschaulicht, und es sind dort auch bereits die erforderlichen allgemeinen Bemerkungen gemacht worden.

Der wesentliche Unterschied zwischen den Hauptschlussmaschinen und den Nebenschlussmaschinen ist der, dass es dort, von den beiden Hälften der Armaturwickelung ein- für allemal abgesehen, nur einen einzigen unverzweigten Stromkreis giebt, wahrend hier der durch die Armatur erzeugte und aus ihrer Wickelung hervorgegangene Strom sich in zwei Zweige theilt, deren einer die Schenkelwindungen, deren anderer die aussere Schliessung durchlauft, und welche, wenn auch auf einander von Einfluss, so doch im Uebrigen von selbstständigem Verhalten sind. An Stelle der Grösse i welche bisher die Stromstärke ohne nähere Bezeichnung vertrat, treten demgemäss nunmehr drei Grössen, nämlich die Stromstärke im Anker, welche i_1, die Stromstärke in den Schenkelwindungen, welche i_2 und die Stromstärke im äusseren Kreise, welche i_a heissen möge. Den drei Stromstärken entsprechen ferner auch drei Widerstände, welche in derselben Reihenfolge mit w_1, w_2, w_a bezeichnet werden sollen, so dass w_a seine frühere Bedeutung beibehält, der bisherige innere Widerstand der Maschine w_0 aber in die beiden Bestandtheile w_1 und w_2 zerfallt.

Die Grundgleichungen der Nebenschlussmaschine sind unter diesen Umstanden naturgemass etwas complicirter als diejenigen der Hauptschlussmaschine. Zu ihrer Ableitung dienen die Kirchhoff'schen Satze über Stromverzweigung (S. 15). Zunächst wird

$$i_1 = i_2 + i_a. \tag{1}$$

Sodann wird der Gesammtwiderstand

$$w = w_1 + \frac{w_2\, w_a}{w_2 + w_a}. \tag{2}$$

Hieraus ergiebt sich die elektromotorische Kraft

$$E = i_1\, w = (i_2 + i_a)\left(w_1 + \frac{w_2\, w'_a}{w_2 + w'_a}\right), \tag{3}$$

wahrend die nur von den ausseren Grössen abhangige Klemmspannung gleich dem einen oder dem anderen der beiden folgenden, gemass den Kirchhoff'schen Sätzen einander gleichen Ausdrücken wird:

$$e = i_a\, w_a = i_2\, w_2. \tag{4}$$

Die naturgemässen unabhängigen Variablen sind hier ebenso wie bei der Hauptschlussmaschine die Tourenzahl n und der Gesammtwiderstand w; sieht man von den Aenderungen ab, welche der Maschinenwiderstand durch Erwärmung und Induction erfährt, so genügt es, die Durchschnittswerthe von w_1 und w_2 zu kennen, um, wenn jedesmal w_a gemessen wird, den Gesammtwiderstand w mittelst der Gleichung (2) zu berechnen.

An Stelle des äusseren Widerstandes kann man aber auch hier die Klemmspannung direct messen und aus dieser den äusseren Widerstand berechnen. Als neu kommt aber hier die Möglichkeit hinzu, an Stelle der genannten Grössen, den Schenkelstrom i_2 direct zu messen, aus welchem jene alsdann vermöge der Gleichungen (4) folgen.

Zur Ermittelung der elektromotorischen Kraft E ist es sogar, wie die Gleichung (3) zeigt, geradezu nothwendig, ausser dem Widerstande noch eine andere Grösse zu kennen, von dem selbstverständlich zu messen den äusseren Strom i_a abgesehen. Ist diese Grösse i_2 selbst, so dient die Gl. (3) direct zur Berechnung von E; ist dagegen e gemessen, so setzt man den Werth von i_2 aus (4) in (3) ein und erhält

$$E = \left(\frac{e}{w_2} + i_a\right)\left(w_1 + \frac{w_2\, w_a}{w_2 + w_a}\right). \qquad (5)$$

Will man E ohne Vermittelung von i_a finden, so braucht man für dieses nur ebenfalls seinen Werth aus (4) einzusetzen und erhält

$$E = e w_1 \left(\frac{1}{w_1} + \frac{1}{w_2} + \frac{1}{w_a}\right). \qquad (6)$$

Endlich ist es noch von Interesse, den Ankerstrom zu ermitteln; man findet aus (1) und (4)

$$i_1 = \frac{e}{w_2} + i_a = e\left(\frac{1}{w_2} + \frac{1}{w_a}\right). \qquad (7)$$

Die Zahl der zuverlässigen, für Nebenschlussmaschinen vorliegenden Beobachtungsreihen ist weit kleiner als für Hauptschlussmaschinen, was um so mehr ins Gewicht fällt, als bei der grösseren Zahl der in Betracht kommenden Grössen hier eine grössere Zahl von Daten erforderlich wäre, um Schlüsse von dem gleichen

Werthe und der gleichen Genauigkeit ziehen zu konnen. Besonders geringfügig ist das Material, welches zur Ableitung der Beziehung dienen könnte, welche zwischen den beiden abhängigen Variabeln i_a und E und den unabhangigen Variabeln n und w_a besteht. Eine der wenigen, für diesen Zweck wenigstens einigermassen brauchbaren Tabellen ist die folgende, welche die neuesten Versuche Weinhold's an einer Flachringmaschine mit Nebenschlussschaltung von Pöge darstellt. Es sei bemerkt, dass die vier Magnetspulen bei diesen Versuchen hintereinander geschaltet waren.

Erste Reihe. $n =$ ca. 1420 $w'_1 = 0{\cdot}65$ $w'_2 = 28{\cdot}35$

w_a	i_1	i_2	i_a	e	E
1000	2·037	1·982	0·056	55·8	57·1
23·24	4·105	1·851	2·254	52·4	55·0
11·82	5·869	1·727	4·143	49·0	52·8
7·97	7·104	1·556	5·549	44·2	48·9
6·02	7·763	1·359	6·405	38·6	43·6
5·05	7·808	1·181	6·627	33·5	38·6
3·78	6·394	0·752	5·642	21·3	25·5

Zweite Reihe. $n =$ ca. 1655 $w_1 = 0{\cdot}66$ $w_2 = 28{\cdot}6$

w_a	i_1	i_2	i_a	e	E
1000	2·463	2·396	0·068	67·7	69·3
23·35	4·959	2·244	2·716	63·4	66·6
11·87	7·079	2·084	4·996	58·3	63·8
9·97	7·730	2·000	5·730	57·1	62·1
8·10	8·502	1·864	6·638	53·8	59·5
6·15	9·328	1·636	7·692	47 3	53·5
5·08	9·648	1·450	8·198	41·7	48·2
4·10	8·862	1·104	7·759	31·8	37·6

Dritte Reihe. $n =$ ca. 1975 $w_1 = 0{\cdot}70$ $w_2 = 29{\cdot}6$

w_a	i_1	i_2	i_a	e	E
1000	2·831	2·750	0·081	81·0	82·9
23·48	5·804	2·561	3·242	76·1	80·2
11·95	8·362	2·401	5·961	71·2	77·2
10·04	9·206	2·326	6·880	69·1	75·6
8·12	10·212	2·192	8·020	65·1	72·3
6·17	11·194	1·929	9·266	57·2	65·3
5·22	12·218	1·832	10·386	54·2	62·3

In den beiden folgenden Figuren 63 und 64 ist i als Function einmal der Tourenzahl, das andere Mal des äusseren Widerstandes dargestellt, und zwar jedesmal für verschiedene Werthe der anderen Variablen.

Fig. 63 zeigt, dass die Stromstärke in der äusseren Schliessung einer Nebenschlussmaschine innerhalb der obigen Grenzen der Tourenzahl proportional ist; denn die Curven sind sämmtlich geradlinig und von

Fig. 63.

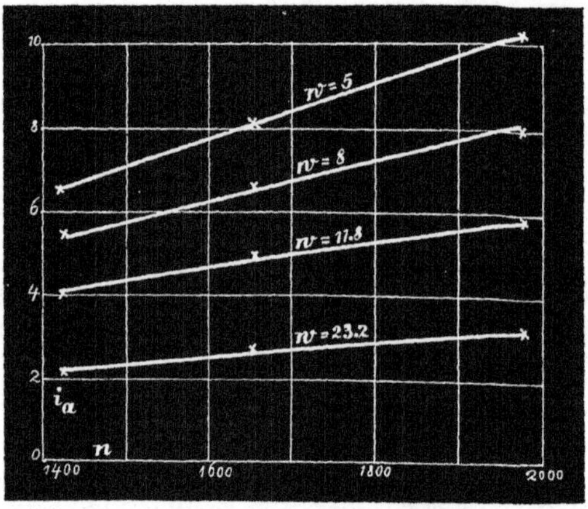

derart verschiedener Neigung, dass sie, rückwärts verlängert, sich im Anfangspunkt treffen würden. Indessen sind die Grenzen der Tourenzahl doch viel zu enge, um diesem Ergebniss eine Bedeutung von irgend welcher Allgemeinheit beizulegen. Versuchsreihen, bei welchen die Tourenzahl erheblich variirt wurde, liegen indessen, wie es scheint, für Nebenschlussmaschinen noch nicht in irgendwie hinreichender Anzahl vor, so dass diese Frage noch als eine offene bezeichnet werden muss.

Die Abhangigkeit der Stromstärke im äusseren Kreise vom Widerstande im ausseren Kreise ist in Fig. 64 dargestellt. Leider fehlen zur Vollstandigkeit der bezuglichen Curven die Beobachtungen für die kleinsten Werthe von w_a. Man kann aber diese Lücke durch eine Be-

Fig. 64.

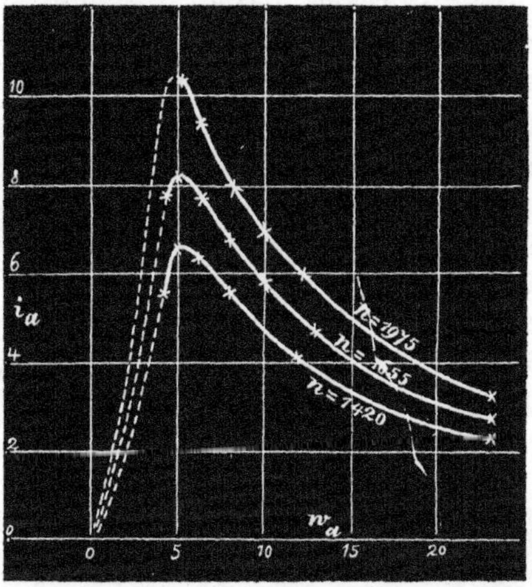

obachtungsreihe ausfullen, welche Kittler an einer Nebenschlussmaschine von Mohring in Frankfurt angestellt hat und welche weiter unten fur die Untersuchung der Arbeitsgrössen noch benützt werden soll. Diese Versuche machen es unzweifelhaft, dass die Weinhold-schen Curven in der, in der Figur durch Striche angedeuteten Weise zu vervollstandigen sind. Es ergiebt sich hieraus der Satz, dass bei der Nebenschlussmaschine die Stromstärke im äusseren Kreise mit wachsendem äusseren Widerstande erst stark ansteigt, dann stark abfällt. Offenbar überwiegt anfangs der günstige Umstand, dass mit wachsendem äusseren Widerstande der durch die Schenkelwindungen gehende Zweigstrom an Stärke, also auch an magnetisirender Wirkung gewinnt; später aber überwiegt der ungünstige Umstand, dass der äussere Strom einen grossen äusseren Widerstand zu überwinden hat. Das Maximum der Stromstärke wird für jede specielle Maschine und besonders je nach der Grösse derselben bei einem anderen »kritischen« Widerstand eintreten; bei der Maschine von Pöge liegt es etwa bei $w_a = 5$ Ohm, bei der Maschine von Möhring dagegen schon bei $w_a = 0{\cdot}8$ Ohm, so dass die Stromcurve hier fast senkrecht aufsteigt und alsdann höchst steil wieder abfällt.

Noch charakteristischer für die Nebenschlussmaschine ist das in Fig. 65 dargestellte Verhalten der elektromotorischen Kraft als Function des äusseren Widerstandes. Mit wachsendem äusseren Widerstande nimmt nämlich die elektromotorische Kraft nicht ab, sondern zu, und zwar anfangs so rapide, dass die Curven fast senkrecht aufsteigen, dann allmälig langsamer und schliesslich einem constanten Maximum sich nähernd. Behufs Verlängerung der Curven nach rückwärts über den Bereich der vorliegenden Versuche hinaus hat man zu erwägen, dass für $w_a = 0$ auch $E = 0$ sein muss, dass also die Curven sämmtlich vom Anfangspunkte des Coordinatensystems ausgehen.

Dieses eigenthümliche Verhalten der Nebenschlussmaschine ist leicht erklärlich und zum Theil geradezu

Fig. 65.

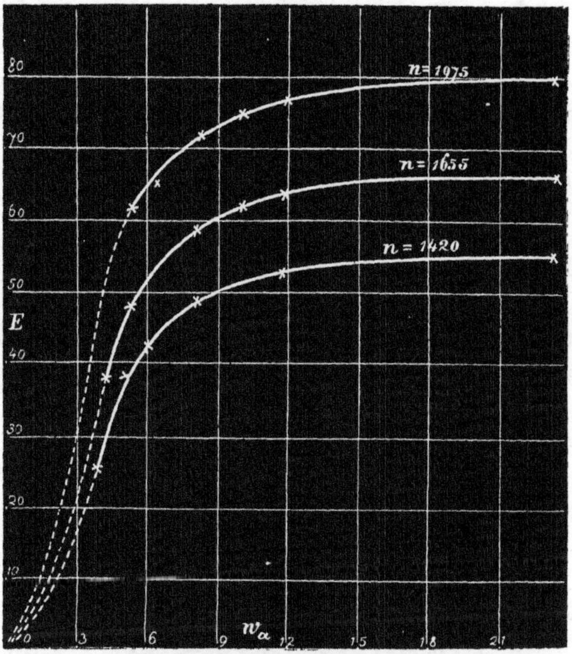
80
70
60
50
E
40
30
20
10
0
3
6
9
12
15
18
21
w_a
n = 1975
n = 1655
n = 1420

Fig. 66.

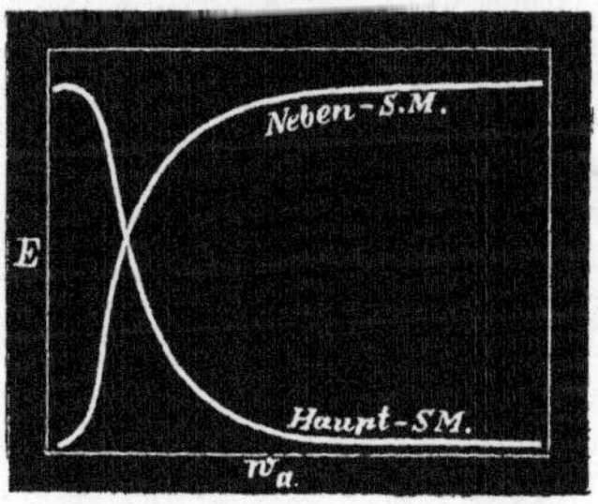
E
Neben-S.M.
Haupt-SM.
w_a

der Anlass zu ihrer Construction geworden. Die elektromotorische Kraft einer Batterie ist vom äusseren Widerstande ganz unabhängig. Die elektromotorische Kraft einer Hauptschlussmaschine nimmt mit wachsendem äusseren Widerstande ab, weil die Stromstärke rascher als proportional abnimmt. Die elektromotorische Kraft einer Nebenschlussmaschine nimmt mit wachsendem äusseren Widerstande zu, weil ein rasch ansteigender Theil der gesammten Stromstärke die Feldmagnete umfliesst, und weil gegen diese gewaltige Zunahme der Wirkung die auch hier eintretende Schwächung des Gesammtstromes nicht in Betracht kommt. Um diesen Gegensatz zwischen den beiden einfachen Gattungen dynamo-elektrischer Maschinen zu illustriren, sind in Fig. 66 die beiderseitigen Curven der elektromotorischen Kraft als Function des Widerstandes gemeinschaftlich dargestellt; man erkennt, dass die eine die genaue Umkehrung der anderen um eine Horizontallinie ist. Man erkennt aber weiter, zur Erreichung welcher Zwecke jede der beiden Gattungen besonders geeignet ist. Erstens nämlich besteht ein Unterschied je nach der Grösse des äusseren Widerstandes; bei kleinem ausseren Widerstande ist die Hauptschlussmaschine, bei grossem die Nebenschlussmaschine vorzuziehen. In dieser Beziehung stehen die Maschinen in einem eigenthümlichen Gegensatze zu den Batterien, indem letztere sich in Bezug auf die Stromstärke gerade umgekehrt verhalten, wie jene in Bezug auf die elektromotorische Kraft; die Hauptschlussbatterie ist nämlich gerade für grosse, die Nebenschlussbatterie für kleine Widerstände anzuwenden. Zweitens zeichnet sich die Nebenschlussmaschine vor der Hauptschlussmaschine dadurch aus, dass auf einer grösseren Strecke des zur Benützung geeigneten Bereiches die elektromotorische Kraft constant ist. Es ist dies für die Praxis um so wichtiger, als das Gleiche auch von der Klemmspannung gilt, die sich überhaupt, wie die Tabellen zeigen, ganz ähnlich verhält, wie die elektromotorische Kraft, so dass es überflüssig erscheint, die sie darstellenden Curven noch besonders wiederzugeben.

Vielmehr wollen wir nunmehr unsere Aufmerksamkeit der sogenannten Charakteristik zuwenden, wobei jedoch darauf hingewiesen werden möge, dass, wie sich hier deutlich gezeigt hat, die oben dargestellte Curve der elektromotorischen Kraft als Function des Widerstandes diesen Namen mit viel grösserem Rechte beanspruchen darf. Das einzige, was die Deprez'sche Charakteristik auszeichnet, ist dies, dass eine einzige solche Curve das Verhalten der Maschine in gewissem Sinne charakterisirt, während es sich in allen anderen Fällen um Curvenschaaren handelt; das kann aber wenig nützen, wenn jene Curve gerade die wichtigsten Beziehungen, besonders die zwischen den abhängigen Variabeln einerseits und den unabhängigen Variabeln andererseits überhaupt so gut wie gar nicht zum Ausdrucke bringt. Für eine genaue Darstellung müsste überdies für jede Tourenzahl eine besondere Charakteristik entworfen werden.

Hatten wir bei den Hauptschlussmaschinen neben der Charakteristik schlechthin noch die äussere Charakteristik kennen gelernt, so haben wir hier drei oder vier verschiedene Grössen zu unterscheiden, in Bezug auf deren Definition gegenwärtig noch einige Unklarheit herrscht; besonders gilt dies in Bezug auf die Frage, was man hier unter Charakteristik ohne nahere Bezeichnung zu verstehen habe. Kittler versteht darunter die elektromotorische Kraft in ihrer Abhängigkeit vom Schenkelstrom. Hergeleitet wurde diese Curve von ihm gleichzeitig mit einer Stromcurve (in Abhängigkeit von dem Verhältniss $n:(w_1 + w_2)$ aus Versuchen, bei welchen der Widerstand der Schenkelwindungen mit Hilfe eines Rheostaten variirt wurde. Auf diese Weise erhält man owohl für die Stromcurve, als auch für die Charakteristik Curven, welche, wie zu erwarten, den entsprechenden Curven für Hauptschlussmaschinen vollkommen ähnlich verlaufen. Sehr eigenthümlich verläuft dagegen bei den Nebenschlussmaschinen die »äussere« Charakteristik und die »totale« Charakteristik, d. h. die Klemmspannung, beziehungsweise die elektromotorische Kraft als Function der Stromstärke im äusseren Kreise. Da die Grössen e und E in der obigen Weinhold'schen Tabelle sich nur wenig unterscheiden, so wird es genügen, eine derselben, etwa E, graphisch darzustellen. Dies ist in Fig. 67 geschehen. Das Merkwürdige an diesen drei Curven ist, dass sie, vom Anfangspunkte der Coordinaten ausgehend, sich von der Ordinatenaxe entfernen, alsdann umbiegen und schliesslich wieder zur Ordinatenaxe zurückkehren. Die elektromotorische Kraft (und ebenso die Klemmspannung) ist also gar keine eindeutige Function der äusseren Stromstärke mehr, sondern jedem Werthe von i_a entsprechen zwei Werthe von E (und ebenso von e), und um zu entscheiden, welcher von beiden stattfindet, muss noch der Widerstand im äusseren Kreise angegeben werden. Aber es giebt einen Werth von i_a, fur welchen es nur einen Werth von E giebt, und diesen Werth kann man den kritischen Werth des ausseren Stromes

Fig. 67.

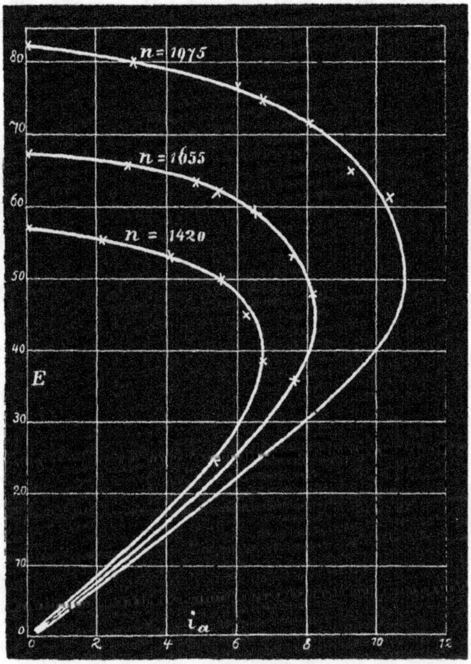

nennen. Hier bietet sich eine neue Methode dar, die Hauptschlussmaschine und die Nebenschlussmaschine in höchst anschaulicher Weise mit einander zu vergleichen. Der Hauptschlussmaschine kommt nämlich ebenfalls ein kritischer Werth von i_a zu, nämlich derjenige, bis zu welchem die Charakteristik (s. oben Fig. 50) geradlinig ansteigt (gerade wie die Charakteristik der Nebenschlussmaschine), wahrend sie von hier an umbiegt, aber nicht wie bei der Nebenschlussmaschine nach links, sondern nach rechts. Stellt man also beide Charakteristiken in einem Bilde zusammen, so erhält man die Fig. 68. Die Hauptschlussmaschine wirkt nur bis zum kritischen Punkte, die

Fig. 68.

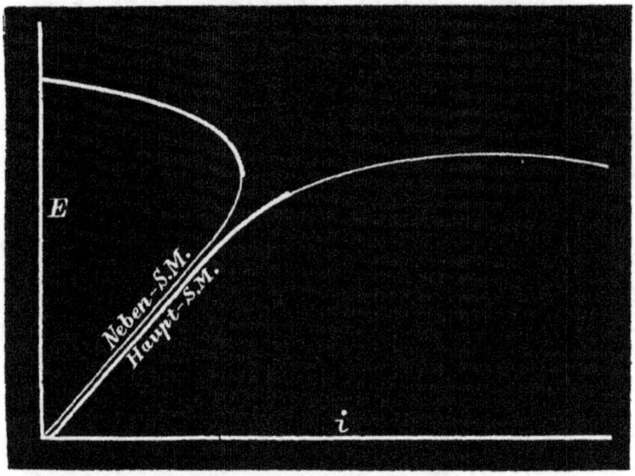

Nebenschlussmaschine erst von ihm an unter günstigen Umständen, ersteres wegen der Ueberhandnahme der schädlichen Einflüsse, letzteres, weil erst von hier ab der Nebenschluss zu kräftig magnetisirender Wirkung gelangt; um dies anzudeuten, ist bei der Hauptschlusscurve das erste, bei der Nebenschlusscurve das zweite Stück stark ausgezogen; um Missverständnissen vorzubeugen, ist jedoch zu bemerken, dass die in Rede stehende Figur zur absoluten Vergleichung der beiden Maschinengattungen nicht geeignet ist, dass man sich vielmehr für die Hauptschlussmaschine ein kleines, für die Nebenschlussmaschine ein grosses Modell zu Grunde gelegt denken muss.

Bei der Nebenschlussmaschine ist es nicht möglich, die Stromstärke als Function einer einzigen Variabeln darzustellen, wie dies, wenigstens im Grossen und Ganzen, bei der Hauptschlussmaschine möglich war. Dagegen kann man nach der Angabe Frölich's hier für eine andere Grösse analog verfahren, nämlich für die Klemmspannung. Dabei tritt aber ein wesentlicher Unterschied, der schon oben bemerkt wurde, von Neuem hervor. Es darf nämlich hier nicht, wie bei der Hauptschlussmaschine, $\frac{n}{w}$ als unabhängige Variable gewählt werden, weil die Klemmspannung e ganz wesentlich auch von dem Widerstande der aus Schenkelwindungen und äusserem Kreis bestehenden Verzweigung abhängt. Wie sogleich noch theoretisch gezeigt werden soll, ergiebt sich alsdann, dass, wenn die in Rede stehende Darstellung durch eine einzige Variable überhaupt möglich sein soll man hierfür die Grösse

$$\frac{n}{1 + w_1 \left(\frac{1}{w_2} + \frac{1}{w_a}\right)}$$

wählen muss.

Die folgende Tabelle giebt die Resultate einer hierauf bezüglichen, bei Siemens und Halske angestellten Versuchsreihe wieder; ausser e ist in derselben auch der Magnetismus M aufgeführt; die erste Hälfte der Reihe wurde bei offenem äusseren Kreise, also für $w_a = \infty$ erhalten, die zweite bei mit variablem Widerstande geschlossenem äusseren Kreise; die Versuche sind nach der Grösse der unabhangigen Variabeln geordnet.

Aeusserer Kreis offen			Aeusserer Kreis geschlossen		
$\frac{n}{1+\frac{w_1}{w_2}}$	e	M	$\frac{n}{1+w_1\left(\frac{1}{w_a}+\frac{1}{w_2}\right)}$	e	M
556	0·96	0·072	619	0·63	0·041
625	1·27	0·084	655	1·30	0·083
631	1·88	0·123	686	1·00	0·079
646	2·10	0·134	732	1·90	0·110
676	3·15	0·193	738	4·06	0 229
729	4·88	0·277	740	4·32	0·243
732	4·62	0·261	741	5·03	0·282
766	6·18	0·333	766	5·24	0·285
797	6·80	0·352	819	5·88	0·242
817	7·72	0·391	830	7·14	0·357
831	7·95	0·396	834	7·41	0·365
865	9·36	0·445	854	7·02	0·342
938	10·40	0·453	912	9.21	0·448
952	10 71	0 464	939	9·55	0·422
970	11·91	0·507	954	9·18	0·402
1030	13·5	0.542	996	10·3	0·430
1130	15·4	0·563	1020	11·4	0·464

Stellt man nach diesen Tabellen e und M dar, ohne zwischen den bei offenem und den bei geschlossenem äusseren Kreise erhaltenen Zahlen zu unterscheiden, so erhält man die Curven der Figuren 69 und 70, von denen die erstere im Grossen und Ganzen geradlinig

Fig. 69.

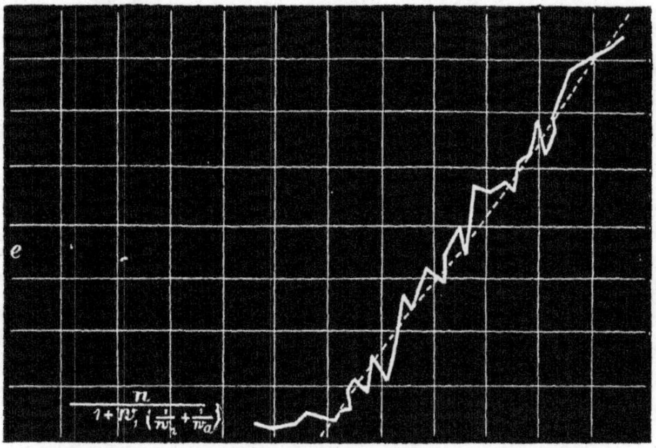

Fig. 70.

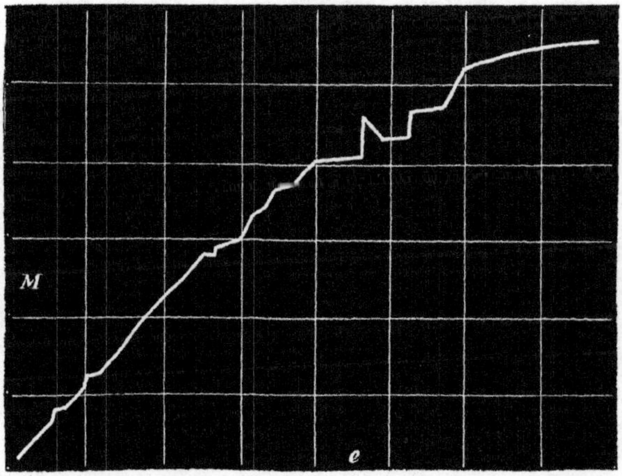

verlauft, während die letztere ihre concave Seite der Abscissenaxe zuwendet. Im Einzelnen aber zeigt namentlich die Curve der Klemmspannung Unregelmässigkeiten, welche weit uber die Grenzen der anzunehmenden Beobachtungsfehler hinausgehen, und welche umsomehr ins Gewicht fallen, als der eine Bestandtheil der unabhangigen Variabeln, namlich die Tourenzahl n nur zwischen verhaltnissmassig engen Grenzen variirte.

Fur die Berechnung der bei einer Nebenschlussmaschine auftretenden Grossen bieten sich nun zwei verschiedene Ausgangspunkte dar, nämlich die Stromcurve einerseits und die Klemmspannungscurve andererseits, letztere als Function der Variabeln

$$\frac{n}{1 + w'_1\left(\frac{1}{w_2} + \frac{1}{w_a}\right)},$$

erstere als Function derjenigen Variabeln, welche aus der obigen entsteht, wenn $w_a = \infty$ gesetzt wird.

Wahlen wir zunächst, im Anschlusse an Kittler, die Stromcurve als Ausgangspunkt, und substituiren wir für dieselbe eine gerade Linie, so erhalten wir für die Starke des Stromes in demjenigen der beiden Parallelzweige, welcher hier allein existirt, namlich fur die Stromstärke in den Schenkelwindungen, die Gleichung

$$i_2 = f\frac{n}{w'_1 + w'_2} - g \qquad (8)$$

und demgemäss fur den Magnetismus die Gleichung

$$M = \frac{i_2}{g + i_2}, \qquad (9)$$

wo f die Ankerconstante, g die Schenkelconstante ist.

Setzt man den Werth fur M in die Grundgleichung

$$E = f\,n\,M$$

ein, und fur E seinen durch Gl. (3) bestimmten Werth, so erhalt man fur den Ankerstrom einen der beiden Ausdrucke

$$i_1 = f\frac{n}{w'} - \frac{w'_2 + w_a}{w'_a}\,g \tag{10}$$

und

$$i_1 = (w'_2 + w'_a)\left(\frac{f\,n}{w'_1\,w'_2 + w'_1\,w'_a + w_2\,w_a} - \frac{g}{w_a}\right), \tag{11}$$

fur die Stromstarke in den Schenkelwindungen

$$i_2 = w'_a\left(\frac{f\,n}{w'_1\,w'_2 + w'_1\,w'_a + w'_2\,w'_a}\right), \tag{12}$$

und fur die Stromstarke im ausseren Kreise

$$i_a = w'_2\left(\frac{f\,n}{w'_1\,w'_2 + w'_1\,w'_a + w'_2\,w'_a}\right). \tag{13}$$

Ferner wird die elektromotorische Kraft

$$E = f\,n - g\,\frac{w'_1\,w'_2 + w'_1\,w'_a + w'_2\,w'_a}{w'_a} \tag{14}$$

und, wenn man den resultirenden Widerstand der beiden Parallelzweige mit w'_{2a} bezeichnet, also

$$w'_{2a} = \frac{w'_2\,w_a}{w'_2 + w'_a} \tag{15}$$

setzt, die Klemmspannung

$$\left.\begin{aligned} e &= w'_2\,w'_a\left(\frac{f\,n}{w'_1\,w'_2 + w'_1\,w'_a + w'_2\,w'_a} - \frac{g}{w'_a}\right) = \\ &= f\,n\,\frac{w'_{2a}}{w'} - g\,w'_2. \end{aligned}\right\} \tag{16}$$

Diese Ausdrucke gestatten aus der Tourenzahl und den drei Theilwiderstanden die Grossen i_1, i_2, i_a, E, e zu berechnen, wenn ein- für allemal fur die betreffende

Maschine die Ankerconstante und die Schenkelconstante bestimmt sind. Diese Bestimmung bietet aber principiell keine Schwierigkeiten dar; denn wahrend, wie Gl. (8) zeigt, die Ankerconstante f die Tangente des Neigungswinkels der Stromcurve gegen die Abscissenaxe ist, hat die Schenkelconstante g, wie Gl. (9) zeigt, die Bedeutung desjenigen Schenkelstromes i_2, für welchen der Magnetismus $M = \frac{1}{2}$ wird. Es verhält sich also hier ganz analog wie bei der Hauptschlussmaschine.

In praktischer Hinsicht ist jedoch gegen diese Methode zweierlei einzuwenden. Zunächst ist es fur die einigermassen genaue Bestimmung der beiden Constanten, wie Kittler selbst zugiebt, durchaus erforderlich, nicht nur die Widerstände, sondern auch die Tourenzahl in weiten Grenzen variiren zu lassen, eine Forderung, welche bis jetzt noch nicht erfullt ist, und welche, wenn ihr genügt werden wird, die Methode selbst wieder illusorisch machen wird, weil sie den geradlinigen Charakter der Stromcurve verwischen und somit die Bestimmung des erwähnten Steigungswinkels so gut wie unmöglich machen wird. Sodann aber — und das ist das bei weitem wichtigere Bedenken — ist die ganze Methode auf Versuche begründet, bei welchen der äussere Widerstand w_a constant war, während in den Formeln fur die elektrischen Grössen, deren Ableitung der Zweck der Methode ist, w_a als Variable vorkommt, und in der Praxis thatsächlich zwischen ziemlich weiten Grenzen variirt.

Nehmen wir jetzt, im Anschluss an Frolich, die Polspannungscurve zum Ausgangspunkt, so gelangen wir zu folgenden Formeln.

Da bei der Nebenschlussmaschine der Magnetismus eine Function des Schenkelstromes und dieser eine Function der Polspannung ist, so hangt der Magnetismus hier unmittelbar von der Polspannung ab. Setzt man wiederum

$$M = \frac{p\,i_2}{1 + p\,i_2} \tag{17}$$

und ersetzt man hierin i_2 durch seinen Werth $\frac{e}{w_2}$, so erhalt man

$$M = \frac{\frac{p}{n}\,e}{1 + \frac{p}{n}\,e}.$$

Ebenso setzen wir wiederum den ganzen in der Maschine erzeugten Strom, also hier den Ankerstrom oder seinen Werth $\frac{e}{w_{2a}}$

$$i_1 = \frac{e}{w_{2a}} = f\,\frac{n}{w}\,M.$$

Da nun M, wie wir sahen, eine Function von e ist $F(e)$, so erhalt man

$$\frac{e}{F(e)} = f n \frac{w_{2a}}{w},$$

in Worten: die Polspannung e hängt nur von der einzigen Variabeln $n\,\frac{w_{2a}}{w}$ ab. Die Curve, welche diese Abhängigkeit darstellt, ist die Polspannungscurve. Rechnet man aus und setzt man für w_{2a} seinen Werth, so erhält man

$$e = \frac{f n}{1 + w_1\left(\frac{1}{w_2} + \frac{1}{w_a}\right)} - \frac{w_2}{p}. \tag{18}$$

Inwieweit die hierdurch dargestellte gerade Linie den thatsachlichen Verhältnissen entspreche, haben wir oben bei Betrachtung der Fig. 69 gesehen und werden wir spater nochmals untersuchen; jedenfalls ist so viel einleuchtend, dass, da die obige Gerade nicht durch den Anfangspunkt geht, ihre Giltigkeit erst bei einem gewissen Werthe der unabhangigen Variabeln beginnt, wahrend bis dahin eine vom Anfangspunkt ausgehende und in jene Gerade übergehende Curve zu substituiren ist — genau so wie bei der Stromcurve der Hauptschlussmaschine.

Die rechte Seite der Gl. (18) setzt sich aus zwei Gliedern zusammen, für welche man auch hier wieder die beiden, den Magnetismen 1 und $\frac{1}{2}$ entsprechenden Werthe der betreffenden, fur den Magnetismus massgebenden Grösse, also hier der Polspannung, einsetzen kann. Man erhält dann

$$e = e_1 - e_{1/2},$$

wo $e_{1/2}$ mit p durch die Beziehung

$$e_{1/2} = \frac{w_2}{p} \qquad (18_a)$$

verknüpft ist.

Fur die einzelnen Grossen erhalt man nunmehr folgende Ausdrücke:

$$i_1 = \frac{fn}{w} - \frac{e_{1/2}}{w_{2a}} \qquad i_2 = \frac{fn}{w}\,\frac{w_{2a}}{w_2} - \frac{e_{1/2}}{w_2}$$

$$i_a = \frac{fn}{w}\,\frac{w_{2a}}{w_a} - \frac{e_{1/2}}{w_a} \qquad (19)$$

$$E = fn - e_{1/2}\frac{w}{w_{2a}} \qquad e = fn\,\frac{w_{2a}}{w} - e_{1/2}$$

$$M = 1 - \frac{e_{II}}{f n} \cdot \frac{w}{w'_{2a}}.$$

Für den Magnetismus findet man ferner noch den Ausdruck

$$M = \frac{e_I - e_{II}}{e}. \qquad (20)$$

Diese Gleichung ist der fur die Hauptschlussmaschine giltigen Gl. (7) des vorigen Capitels ganz analog, nur dass die Polspannungen an Stelle der Stromstarken getreten sind; man kann daher auch nach Analogie der dortigen Fig. 55 den Magnetismus aus den Polspannungen geometrisch construiren.

Man kann nun, ahnlich wie wir es bei der Hauptschlussmaschine gethan haben, das Verhalten der Maschine in den beiden Specialfallen, in deren einem die Tourenzahl constant, der Widerstand variabel, in deren anderem der Widerstand constant, die Tourenzahl variabel ist, einzeln verfolgen und den Verlauf der verschiedenen Grossen rechnerisch und graphisch darstellen. Wir wollen uns hierbei jedoch auf wenige Beispiele beschranken. Die Polspannung als Function des ausseren Widerstandes liefert eine Curve, welche mit den oben dargestellten empirischen Curven gut übereinstimmt, nur dass sie nicht vom Anfangspunkt, sondern von einem anderen Punkte der Abscissenaxe ausgeht. Das würde die Bedeutung haben, dass der aussere Widerstand erst eine bestimmte Grosse erreicht haben musse, damit die Maschine zu wirken beginne; es ist nicht unmöglich, dass dies der Fall sei; experimentelle Anhaltspunkte dafur liegen aber noch nicht vor.

Auch fur die Stromstärke im äusseren Kreise als Function des Widerstandes in demselben erhalt man eine Curve, welche mit den empirischen Curven in Fig. 64 gut ubereinstimmt, dieselben nach rückwärts ergänzend. Für denjenigen äusseren Widerstand, welcher das Maximum der ausseren Stromstarke liefert, ergiebt sich dabei der Ausdruck

$$(w_a)_{max} = w_1 \frac{e_{1/2}}{fn - e_{1/2}} \left(1 + \sqrt{\frac{fn}{e_{1/2}}}\right). \quad (21)$$

Variirt andererseits die Tourenzahl bei constantem äusseren Widerstande, so wird sowohl die äussere Stromstärke als auch die Polspannung durch eine gerade Linie dargestellt. Da dieselbe nicht durch den Anfangspunkt geht, sondern von der Abscissenaxe ein Stuck abschneidet, so gelangt man wiederum zu dem Resultate, dass eine bestimmte Tourenzahl, die »todten Touren«, überschritten werden muss, damit die Maschine in Wirksamkeit trete. Es ist aber ebenso gut möglich, dass die wirkliche Curve nach dem Anfangspunkte abbiege; ja, bei den oben angeführten Versuchen von Weinhold ist auch dies nicht einmal nöthig; denn die in Fig. 63 dargestellten geraden Linien treffen rückwärts verlängert ohne weiteres den Anfangspunkt. Die obigen Formeln reduciren sich also für diese Maschine vermuthlich in Folge der kräftigen Feldmagnete auf ihre ersten Glieder, und es findet einfache Proportionalität mit der Tourenzahl statt.

Es möge hier wiederum das Formelsystem beigefügt werden, aus welchem man sich, unter Zugrundelegung der Frölich'schen Theorie, je nach den in einem bestimmten praktischen Falle gegebenen Grossen die bezügliche auszuwählen hat. Die Constanten der Maschine also in diesem Falle f, $e_{1/2}$, w'_1 und w_2 sind dabei wiederum als bekannt vorausgesetzt.

1. Gegeben: n und w_a

$$e = f n \frac{w'_{2a}}{w'} - e_{1/2} \qquad i_a = \frac{e}{w_a} \qquad E = e \frac{w}{w_{2a}}.$$

2. Gegeben: n und i_a

$$w_a = \frac{1}{2 i_a}\left(\frac{f n - w_1 i_a}{1 + \frac{w_1}{w_2}} - e_{1/2}\right) +$$

$$+ \sqrt{\frac{1}{4 i_a^2}\left(\frac{f n - w_1 i_a}{1 + \frac{w_1}{w_2}} - e_{1/2}\right)^2 - \frac{w_1 e_{1/2}}{i_a\left(1 + \frac{w_1}{w_2}\right)}}$$

$$e = i_a w_a \qquad E = e + w_1 i_a \left(1 + \frac{w_a}{w_2}\right)$$

3. Gegeben: n und E

$$w'_{2a} = w'_1 \frac{e_{1/2}}{f n - E - e_{1/2}} \qquad e = E \frac{w_{2a}}{w} \qquad i_a = \frac{E}{w}.$$

4. Gegeben: n und e

$$w'_{2a} = w'_1 \frac{e + e_{1/2}}{f n - (e + e_{1/2})} \qquad i_a = \frac{e}{w_a} \qquad E = \frac{f n}{e + e_{1/2}} e.$$

5. Gegeben: i_a und w_a

$$e = i_a w_a \qquad E = e \frac{w'}{w_{2a}}. \qquad n = \frac{1}{f}(e + e_{1/2}) \frac{}{w_{2a}}$$

6. Gegeben: E und w_a

$$e = E \frac{w'_{2a}}{w} \qquad i_a = \frac{e}{w_a} \qquad n = \frac{1}{f}(e + e_{1/2}) \frac{w'}{{}_{2a}}$$

7. Gegeben: e und w_a

$$i_a = \frac{e}{w'_a} \qquad E = e \frac{w}{w'_{2a}} \qquad n = \frac{1}{f}(e + e_{1/2}) \frac{}{w_{2a}}$$

8. Gegeben: E und i_a

$$w'_a = \frac{\frac{E}{i_a} - w'_1}{1 + \frac{w'_1}{w'_2}} \qquad e = i_a\, w'_a \qquad n = \frac{1}{f}\,(e + e_{1/2})\,\frac{w'}{w'_{2a}}.$$

9. Gegeben: E und e

$$w'_{2a} = w'_1\,\frac{e}{E - e} \qquad i_a = \frac{e}{w'_a} \qquad n = \frac{1}{f}\,(e + e_{1/2})\,\frac{w'}{w'_{2a}}.$$

10. Gegeben: i_a und e

$$w'_a = \frac{e}{i_a} \qquad E = e\,\frac{w'}{w'_{2a}} \qquad n = \frac{1}{f}\,(e + e_{1/2})\,\frac{w'}{w'_{2a}}.$$

Wahrend diese Formeln, auf die oben (S. 193) erwahnte Maschine von Siemens und Halske angewendet, genügende Uebereinstimmung liefern, ist dies bei Versuchen, welche Weinhold an der ebenfalls schon erwähnten Flachringmaschine anstellte, nicht der Fall. Die Ursache ist leicht anzugeben. Indem man namlich die fur die Hauptschlussmaschine zu Grunde gelegte Formel (1a), Capitel 8, für die Nebenschlussmaschine in der Weise interpretirt, dass man für die dort allein in Betracht kommende Stromstärke i hier einfach die Starke des Schenkelstroms setzt, lässt man den Einfluss des Ankerstroms auf den Magnetismus unberücksichtigt, soweit derselbe nämlich nicht schon mittelbar durch seinen Einfluss auf jenen Schenkelstrom zur Geltung gelangt. Es ist nun sehr wohl möglich, dass, von letzterem abgesehen, ein unmittelbarer Einfluss des Ankerstroms bei einer bestimmten Gattung von Maschinen sich nicht bemerklich macht, und bei den von Frölich untersuchten Siemens'schen Maschinen ist dies offenbar näherungsweise der Fall, und zwar weil bei diesen, wie überhaupt bei den meisten Maschinen neuester Construction, die Menge des Ankerdrahtes geringfügig ist. Dagegen zeigen die Versuche von Weinhold, dass man hier mit den aus jener einfachen Interpretation abgeleiteten Frolich'schen Formeln nicht auskommt. Hierdurch veranlasst, hat sowohl Weinhold wie auch Frölich eine vollstandigere Formel aufgestellt.

Die Formel von Weinhold fur M oder, was bis auf den Factor f dasselbe ist, fur E/n ist rein empirischen Charakters und lautet:

$$\frac{E}{n} = \alpha - \beta \frac{1}{i_2} - \gamma \frac{i_1}{i_2},$$

welche fur i_2 zu dem Ausdrucke

$$i_2 = \frac{n}{2} \frac{\alpha w'_a - \gamma (w'_2 + w'_a)}{w'_1 w'_2 + w'_1 w'_a + w'_2 w'_a} +$$
$$+ \frac{\sqrt{(\alpha w'_a - \gamma w'_2 - \gamma w'_a)^2 - \frac{4\beta}{n} (w'_1 w'_2 + w_1 w_a + w'_2 w'_a)}}{w'_1 w'_2 + w'_1 w'_a + w'_2 w_a}$$

fuhrt.

Anders geht Frölich zu Werke. Er denkt sich die Ankerströme als eine die Schenkelwickelung schwachende Gegenwickelung und setzt demgemäss

$$M = \frac{p i_2 - q i_1}{1 + p i_2 - q i_1},$$

wo q eine neue Constante ist, die fur den Anker dieselbe Bedeutung hat, wie p für die Feldmagnete; wenn die Constante f bekannt ist, so kann man aus Beobachtungen der Grössen n, E, i_1, i_2 die Constanten p und q mit Hilfe der Gleichung

$$\frac{1}{f \frac{n}{E} - 1} = p i_2 - q i_1$$

bestimmen. Fur die von Weinhold untersuchte Maschine ergiebt sich

$$f = 0{\cdot}05015 \qquad p = 2{\cdot}103 \qquad q = 0{\cdot}171,$$

so dass die in Rede stehende directe Ankerwirkung ungefähr 8 Procent der Schenkelwirkung ausmacht. In der folgenden Tabelle sind die von Weinhold beobachteten Werthe (S. 182) mit den nach den Formeln von Weinhold und Frölich berechneten Werthen zusammengestellt.

$\frac{E}{n}$ beobachtet	$\frac{E}{n}$ berechnet nach Weinhold	$\frac{E}{n}$ berechnet nach Frölich	
0·03987	0·04111	0·03974	Erste Reihe
0·03915	0·03878	0·03814	
0·03662	0·03640	0·03634	
0·03488	0·03369	0·03377	
0·03081	0·03057	0·03032	
0·02682	0·02757	0·02672	
0·01784	0·01757	0·01649	
0·04142	0 04240	0·04124	Zweite Reihe
0·04027	0·04018	0·03983	
0 03864	0·03787	0·03811	
0 03739	0·03686	0·03740	
0·03624	0·03526	0·03562	
0·03231	0·03242	0·03308	
0·02902	0·02982	0·02926	
0·02264	0·02453	0·02213	

$\frac{E}{n}$ beobachtet	$\frac{E}{n}$ berechnet nach Weinhold	$\frac{E}{n}$ berechnet nach Frohlich	
0·04160	0·04319	0·04218	Dritte Reihe
0·04051	0·04091	0·04084	
0·03911	0·03867	0·03930	
0·03830	0·03775	0·03855	
0·03663	0·03629	0·03712	
0·03298	0·03363	0·03419	
0·03186	0·03191	0·03198	

Die Weinhold'sche Formel giebt hiernach einen mittleren Fehler von 2·4 Procent, die Frölich'sche einen solchen von nur 1·8 Procent; sie ist also, zumal sie auch die einfachere ist, vorzuziehen. Bei beiden Formeln kann man zwar den mittleren Fehler und namentlich die bis zu 6 Procent hinaufreichenden Einzelfehler nicht für klein erachten, wenn man erwagt, dass der ganze Spielraum der untersuchten und nach der Methode der kleinsten Quadrate gepruften Grosse nur etwa das Verhältniss 1 : 2 darstellt; für praktische Zwecke wird jedoch namentlich die Frölich'sche Formel meist vollkommen ausreichen.

Die modificirte Frölich'sche Formel liefert für die wichtigsten Grössen der Nebenschlussmaschine folgende Ausdrücke:

$$E = fn - \frac{e_{1/2}}{1 - q\frac{e_{1/2}}{w_{2a}}} \frac{w}{w_{2a}}$$

$$e = f\,n\,\frac{w'_{2a}}{w'} - \frac{e_{1/2}}{1 - \frac{q\,e_{1/2}}{w_{2a}}}$$

$$i_a = \frac{f\,n}{w'} - \frac{e_{1/2}}{1 - \frac{q\,e_{1/2}}{w_{2a}}}\,\frac{1}{w'_{2a}}$$

$$i_1 = f\,n\,\frac{w_{2a}}{w_a\,w'} - \frac{e_{1/2}}{1 - \frac{q\,e_{1/2}}{w_{2a}}}\,\frac{1}{w_a}$$

$$i_2 = f\,n\,\frac{w_{2a}}{w'_1\,w} - \frac{e_{1/2}}{1 - \frac{q\,e}{w_{2a}}}\,\frac{1}{w'_1}$$

$$M = 1 - \frac{e_{1/2}}{1 - \frac{q\,e_{1/2}}{w_{2a}}}\,\frac{w'}{w_{2a}}\,\frac{1}{f\,n}$$

Diese modificirte Frolich'sche Theorie theilt nun aber mit den beiden früheren, fur die Hauptschlussmaschine respective für die Nebenschlussmaschine giltigen, nicht mehr den Vorzug, dass es eine elektrische Grösse giebt, welche von einer einzigen aus der Geschwindigkeit und den Widerständen zusammengesetzten Variablen abhinge. Es existirt hier weder eine Stromcurve noch eine Polspannungscurve.

Zur Bestimmung der Constanten der Maschine stelle man nach Frolich in diesem Falle zunachst Beobachtungen bei offenem ausseren Kreise an, so dass $w_a = \infty$, $w_{2a} = w'_2$ und

$$e_\infty = \frac{f\,n}{1 + \frac{q\,e_{1/2}}{w_2}} - \frac{e_{1/2}}{1 - \frac{q\,e_{1/2}}{w_2}}$$

wird; man kann hieraus wie fruher sowohl f als auch das ganze zweite Glied bestimmen. Nun stelle man Beobachtungen bei geschlossenem ausseren Kreise an und betrachte in der Gleichung

$$\frac{1}{f\,n\left(\frac{w_{2a}}{w} - e\right)} = \frac{1 - \frac{q\,e^{1/2}}{w_2}}{e^{1/2}} - \frac{1}{w_a}$$

$\frac{1}{w_a}$ als Abscisse, die linke Seite als Ordinate; dann erhalt man das reciproke der vorhin zu zweit bestimmten Grösse nochmals, ausserdem aber q, so dass man jetzt alle drei Constanten kennt. Für die Anwendung dieser Methode ist es aber durchaus erforderlich, die Tourenzahl in weiten Grenzen variiren zu lassen.

Versuche mit Nebenschlussmaschinen innerhalb möglichst weiter Grenzen der Tourenzahl müssen daher zu den für Theorie und Praxis dringendsten Aufgaben gezahlt werden.

Es bleibt uns noch übrig, auf die Arbeitsleistung der Nebenschlussmaschine einen Blick zu werfen. Hiezu können entweder die obigen Versuche von Weinhold oder die nur auf eine Tourenzahl bezüglichen, aber zahlreicheren Beobachtungen Kittler's an der erwahnten Maschine von Möhring dienen; es muss jedoch bemerkt werden, dass die maximale, unten durch Sperrung der bezüglichen Zeile hervorgehobene Stromstärke wegen zu schwacher Betriebskraft nicht direct beobachtet, sondern mit Hilfe der Frölich'schen Formel (21) berechnet wurde; die Tourenzahl war durchweg 1665.

w_a	i_a	i_2	e	E	l	L	λ in %
					in Pfkr.		
0·324	24·9	0·26	8·08	10·7	0·274	0·368	74
0·346	26·0	0·26	8·98	11·7	0·317	0·418	76
0·366	26·2	0·32	9·59	12·4	0·341	0·446	77
0·396	28·2	0·37	11·14	14·2	0·426	0·548	78
0·423	33·3	0·46	14·10	17·6	0·638	0·810	79
0·461	42·4	0·64	19·56	24·1	1·128	1·413	80
0·800	69·2	1·83	55·4	62·7	5·209	5·985	88
4·29	24·7	3·48	105·9	108·8	3·551	4·165	85
4·64	23·0	3·50	106·8	109·6	3·340	3·945	84
6·67	16·8	3·69	112·4	114·5	2·573	3·193	81
7·90	14·39	3·73	113·7	115·6	2·222	2·847	78
8·41	13·65	3·78	114·9	116·7	2·122	2·749	77
9·22	12·49	3·78	115·1	116·8	1·953	2·582	76
9·25	12·47	3·79	115·3	117·0	1·946	2·572	75
11·79	9·81	3·83	115·6	117·0	1·540	2·171	71
16·6	6·96	3·83	115·7	116·9	1·094	1·714	64
19·2	6·03	3·84	115·8	116·9	0·950	1·567	61
24·0	4·87	3·87	116·7	117·6	0·772	1·396	55
28·9	4·06	3·88	117·1	118·0	0·646	1·272	51
34·8	3·39	3·91	117·9	118·7	0·542	1·176	46
40·5	2·93	3·93	118·6	119·3	0·472	1·111	42
∞	0·00	3·96	119·5	119·9	0·000	0·645	0

Wie man sieht, verlaufen die Zahlenreihen für l und L nicht nur einander, sondern im Wesentlichen auch der Zahlenreihe für den äusseren Strom entsprechend;

sie wachsen rasch auf ein Maximum an und fallen von diesem anfangs steil, später immer sanfter ab. Auch die

Fig. 71.

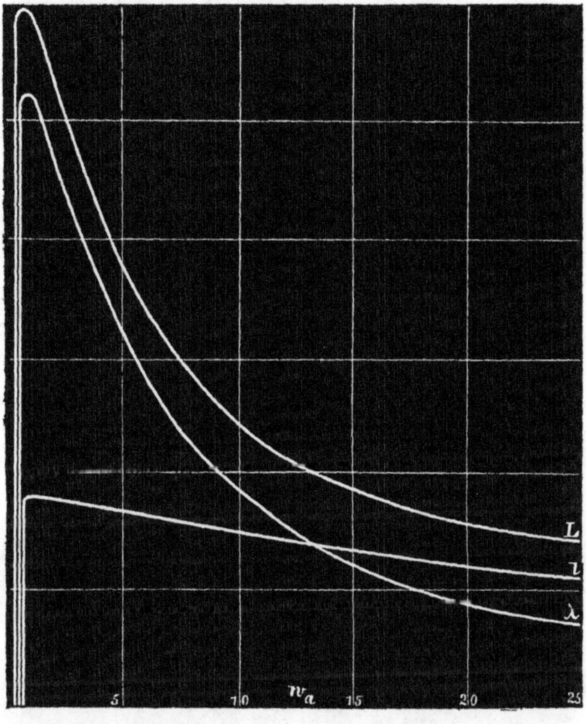

in Fig. 71 dargestellten Curven für l und L verlaufen daher der Curve i_a ganz ähnlich. Etwas abweichend dagegen ist das Verhalten des elektrischen Wirkungsgrades. Zwar besitzt auch dieser ein Maximum, und dasselbe fallt auch mit den Maxima der vorher betrachteten Curven zusammen, d. h. die Nebenschlussmaschine wirkt relativ unter den gunstigsten Bedingungen, wenn der aussere Strom am starksten ist. Aber die Hohe des Maximums ist lange nicht so beträchtlich, wie bei jenen Curven, d. h. der Anstieg und namentlich der Abfall sind weniger steil.

Die formalen Ausdrücke für die Arbeitsgrössen sind bei der Nebenschlussmaschine nur wenig complicirter als bei der Hauptschlussmaschine. Es ist nämlich

$$l = e\,i_a = i_a^2\, w_a$$
$$L = E\,i_1 = i_1^2\, w$$

oder auch, wenn man sich den ganzen Effect in den Nutzeffect und in die im Anker und in den Schenkeln stattfindenden Verluste zerlegt denkt,

$$L = i_1^2\, w_1 + i_2^2\, w_2 + i_a^2\, w_a$$

Folglich wird

$$\lambda = \frac{i_a^2\, w_a}{i_1^2 w_1 + i_2^2 w_2 + i_a^2\, w_a}.$$

Drückt man hierin i_1 und i_2 durch i_a und die Widerstande aus, so hebt sich auch i_a fort und man erhält den nur von den drei Widerstanden abhangigen Ausdrück

$$\lambda = \frac{1}{1 + \frac{w_1}{w_a} + 2\,\frac{w_1}{w_2} + \frac{(w_1 + w_2)\, w_a}{w_2^2}}.$$

Da hierin nur die eine unabhängige Variable w_a vorkommt, so kann man fragen, welcher Werth derselben λ zu einem Maximum mache; um diese Frage zu beantworten, braucht man nur den Differentialquotienten gleich Null zu setzen. Man gelangt alsdann zu der von W. Thomson angegebenen Formel

$$(w_a)_{max} = w_2 \sqrt{\frac{w_1}{w_1 + w_2}}$$

Der in Rede stehende kritische Widerstand ist also vom Schenkelwiderstande und, wegen des Ausdrucks unter der Wurzel, von dem Verhältniss zwischen Anker- und Schenkelwiderstand abhängig. Da die erstere Abhängigkeit eine einfache Proportionalität ist, so kann man auch sagen: der fur die Wirkung einer Nebenschlussmaschine gunstigste aussere Widerstand ist ein nur von dem Anker-Schenkel-Verhaltniss abhängiges Vielfache des Schenkelwiderstandes, und zwar ist dieses Vielfache proportional mit der Quadratwurzel aus dem Verhaltniss des Ankerwiderstandes zum ganzen Maschinenwiderstande. Da übrigens für denselben Werth von w_a auch i_a ein Maximum wird, so musste die obige Formel auf Grund der Frölich'schen Theorie mit der Formel (21) identisch sein, was jedoch hier nicht weiter verfolgt werden soll, übrigens auch nicht der Fall ist (vergl. XI. Capitel). Es möge nur noch angeführt werden, dass mit der Bezeichnungsweise von Frölich die Arbeitsgrössen die folgenden Formeln annehmen:

$$L = \left(\frac{fn}{w'} - \frac{e_{1/2}}{w'_{2a}} \right)^2 w'$$

$$l = \left(\frac{fn}{w'} - \frac{e_{1/2}}{w_{2a}} \right)^2 \frac{w_{2a}^2}{w_a}$$

X.

Compoundmaschinen.

Die Idee der Compoundmaschine, d. h. der Maschine mit gemischter Bewickelung der Feldmagnete (vergl. Figuren 37—39) basirt auf dem entgegengesetzten Verhalten, welches die Stromstärke, die elektromotorische Kraft und die Klemmspannung einerseits bei der Hauptschlussmaschine, andererseits bei der Nebenschlussmaschine darbieten. Diese Gegensätzlichkeit des Verhaltens giebt nämlich die Möglichkeit einer ausgleichenden Combination der beiden genannten Gattungen dynamo-elektrischer Maschinen an die Hand, derart, dass bei einer Maschine, welche sowohl mit einem Hauptschluss, als auch mit einem Nebenschluss versehen ist, die elektrischen Grössen sich innerhalb mehr oder weniger weiter Grenzen des äusseren Widerstandes einigermassen constant verhalten werden. Für die Praxis ist dies aber offenbar ein überaus vortheilhaftes Verhalten.

Wir haben bereits in den Figuren 37 und 38 die beiden wichtigsten Formen der gemischten Wickelung unterschieden. Bei der ersteren Form ist die Ankerwickelung der einzige unverzweigte Theil der Leitung, der Rest besteht aus zwei Parallelzweigen, und zwar enthält der eine derselben die directe Schenkelwickelung und die äussere Leitung hintereinander, der andere die zweite Schenkelwickelung. Es möge darauf aufmerksam gemacht werden, dass naturgemäss die directe Wickelung aus dickem die Nebenwickelung aus dünnem Drahte bestehen wird, so dass man auch die Bezeichnungen: »dicke Schenkelwickelung« und »dünne Schenkelwickelung« einführen kann. Bei der zweiten Form der gemischten Schaltung bilden Anker und directe Schenkelwickelung ein unverzweigtes Ganzes, und von den beiden Parallelzweigen, durch welche es geschlossen wird, enthält der eine die äussere Leitung, der andere die Nebenwickelung der Schenkel.

War bei den Nebenschlussmaschinen an Stelle der Stromstärke i schlechthin ein System dreier solcher Grössen i_1, i_2, i_a getreten, so könnte man hier zunächst erwarten, dass sich mit der Zahl der Leitungstheile auch die Zahl der zu unterscheidenden Stromstärken auf vier erhöhen werde. Es bleibt aber bei dreien, weil in jedem der beiden unterschiedenen Fälle zwei Leitungstheile ein unverzweigtes Ganzes bilden. Bei der ersten Art ist daher die Stromstärke in der directen Schenkelwickelung gleich derjenigen im äusseren Kreise, bei der zweiten Art ist sie gleich derjenigen im Anker. In beiden Fällen ist es also überflüssig, für den directen Schenkelstrom ein besonderes Zeichen einzuführen.

Was die Spannungen im Stromkreise betrifft, d. h. wissenschaftlicher ausgedrückt, die Potentialdifferenzen, so haben wir es bisher nur mit zwei derartigen Grössen zu thun gehabt, nämlich mit der ganzen elektromotorischen Kraft und mit der Klemmspannung. Für die Compoundmaschine erster Art ist wegen der Verzweigung des Stromes an den Bürsten noch die Kenntniss der **Bürstenspannung** zuweilen von Wichtigkeit; dieselbe soll mit ε bezeichnet werden, während der Widerstand der Nebenschlusswickelung durch w'_2 von w_2 unterschieden werden möge.

Das **Ohm**'sche Gesetz führt dann zu folgenden Ausdrücken:

a) Für die Compoundmaschine erster Art.

$$i_1 = i_2 + i_a$$

$$E = i_1\, w = i_1 \left(w_1 + \frac{w_2'\,(w_2 + w_a)}{w_2' + (w_2 + w_a)} \right)$$

$$e = i_a\, w_a$$

$$\varepsilon = i_2\, w_2' = i_a\,(w_2 + w_a)$$

Sind die drei Maschinenwiderstände ein- für allemal oder für genauere Zwecke vor jedem Versuche) ermittelt, so braucht man nur i_a und ausserdem eine der Grössen w_a, e, ε direct zu messen, die übrigen lassen sich dann mit Hilfe der obigen Gleichungen berechnen.

b) Für die Compoundmaschine zweiter Art.

i_1 behält denselben Ausdruck wie vorhin, e ebenfalls, bekommt aber noch einen zweiten hinzu, so dass

$$e = i_a\, w_a = i_2\, w_2'$$

wird. Ferner

$$E = i_1\, w = i_1 \left(w_1 + w_2 + \frac{w_2'\, w_a}{w_2' + w_a} \right)$$

oder $E = i_1\,(w_1 + w_2) + i_2\, w_2'$

oder endlich $E = i_1\,(w_1 + w_2) + i_a\, w_a$.

Die Grösse ε spielt hier keine Rolle.

Um die Frolich'sche Theorie auf die Compoundmaschine anzuwenden, haben wir wiederum von der Formel (1[a]), achtes Capitel, auszugehen, dabei aber zu erwägen, dass wir hier nicht, wie bei der Hauptschlussmaschine und naherungsweise auch noch bei der Nebenschlussmaschine (Gl. (17), Cap. 9) für i eine einfache Stromgrösse, sondern einen zusammengesetzten Ausdruck einzuführen haben, nämlich, wenn i_2 und i_2' für den Augenblick die Stromstärke in den beiden Schenkelwickelungen bezeichnen:

$$M = \frac{p\,i_2' + p'\,i_2}{1 + p\,i_2' + p'\,i_2}$$

also, wenn wir, um für die beiden Arten zu specialisiren, i_2' einmal gleich i_a, das andere Mal gleich i_1 setzen, für die Compoundmaschine erster Art

$$M = \frac{p\,i_a + p'\,i_2}{1 + p\,i_a + p'\,i_2},$$

für die der zweiten Art dagegen

$$M = \frac{p\,i_1 + p'\,i_2}{1 + p\,i_1 + p'\,i_2}.$$

Die Eisenkerne der Feldmagnete erfahren hier eine doppelte Magnetisirung, eine von der directen Wickelung, welche m, und eine von der Nebenwickelung, welche m' heisse. Benützt man alsdann fur diese Einzelmagnetismen ebenfalls die Frölich'schen Formeln, so findet man

$$M = 1 - \frac{(1-m)(1-m')}{1 - m\,m'}.$$

Werden die Einzelmagnetismen so gewählt, dass sie sich zu eins ergänzen, so ergiebt sich

$$M = 1 - \frac{(1-m)\,m}{1-m\,(1-m)}.$$

Man ersieht hieraus, dass M am grössten, namlich gleich 1 wird, wenn $m = 0$ oder $m = 1$ ist, d. h. wenn überhaupt nur die eine Magnetisirung stattfindet; am kleinsten, nämlich gleich $\frac{2}{3}$, wird M für $m = \frac{1}{2}$, d. h. wenn die Einzelmagnetismen gleich sind; im Uebrigen wird das Verhalten von M durch Fig. 72 veranschaulicht. Im Sinne dieser Betrachtung ist also die Compoundschaltung mit einer Herabminderung der Wirkung zu Gunsten der Erlangung anderer Vortheile verbunden.

Aus dem Magnetismus wurde in den beiden vorhergehenden Capiteln zunächst eine bestimmte elektrische Grösse, das eine Mal die Stromstärke, das andere Mal die Polspannung abgeleitet; die Constante p erwies sich dabei für die Hauptschlussmaschine als mit der Grösse $i_{1/2}$, bei der Nebenschlussmaschine mit der Grösse $e_{1/2}$ in nahem Zusammenhange (vgl. Gl. (1^c), Cap. 8 und (18^a), Cap. 9). Dieselben Beziehungen treten hier gleichzeitig auf, nämlich die eine für p, die andere für p', d. h. es ist

$$\frac{1}{p} = i_{1/2} \qquad \text{und} \qquad \frac{w_2'}{p'} = e_{1/2}.$$

Man erhält somit für die wichtigsten Grössen folgende Ausdrücke:

a) Schaltung erster Art.

$$w = w_1 + \frac{(w_a + w_2)\,w_2'}{w_a + w_2 + w_2'} \text{ oder kurz } w = w_1 + w_{2a}',$$

womit die Hilfsgrösse w_{2a}' analog der schon früher benützten w_{2a} definirt ist.

$$i_1 = \frac{f\,n}{w} - i_{1/2} \frac{w_a + w_2}{w_{2a}'} \frac{e_{1/2}}{e_{1/2} + (w_a + w_2)\, i_{1/2}}$$

$$i_2 = \frac{f\,n}{w} \frac{w_{2a}'}{w_2'} - i_{1/2} \frac{w_a + w_2}{w_2'} \frac{e_{1/2}}{e_{1/2} + (w_a + w_2)\, i_{1/2}}$$

$$i_a = \frac{f\,n}{w} \frac{w_{2a}'}{w_a + w_2} - i_{1/2} \frac{e_{1/2}}{e_{1/2} + (w_a + w_2)\, i_{1/2}}$$

Fig. 72.

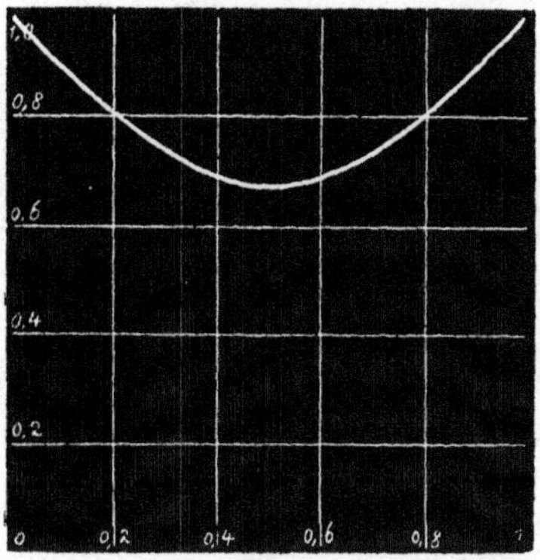

$$E = f\,n - i_{1/2}\, w \frac{w_a + w_2}{w_{2a}'} \frac{e_{1/2}}{e_{1/2} + (w_a + w_2)\, i_{1/2}}$$

$$e = f\,n \frac{w_{2a}'}{w} - i_{1/2} (w_a + w_2) \frac{e_{1/2}}{e_{1/2} + (w_a + w_2)\, i_{1/2}}$$

$$M = 1 - \frac{i_{1/2}\, w}{f\,n} \frac{w_a + w_2}{w_{2a}'} \frac{e_{1/2}}{e_{1/2} + (w_a + w_2)\, i_{1/2}}$$

b) Schaltung zweiter Art.

$$w = w_1 + w_2 + \frac{w_a\, w_2'}{w_a + w_2'} = w_1 + w_2 + w_{2a}$$

$$i_1 = \frac{fn}{w'} - \dot{i}_{1/2} \frac{e_{1/2}}{e_{1/2} + w'_{2a} \dot{i}_{1/2}}$$

$$i_2 = \frac{fn}{w'} \frac{w'_{2a}}{w'_2} - \dot{i}_{1/2} \frac{w'_{2a}}{w'_2} \frac{e_{1/2}}{e_{1/2} + w'_{2a} \dot{i}_{1/2}}$$

$$\dot{i}_a = \frac{fn}{w'} \frac{w'_{2a}}{w_a} - \dot{i}_{1/2} \frac{w'_{2a}}{w_a} \frac{e_{1/2}}{e_{1/2} + w'_{2a} \dot{i}_{1/2}}$$

$$E = fn - \dot{i}_{1/2} w' \frac{e_{1/2}}{e_{1/2} + w_{2a} \dot{i}_{1/2}}$$

$$e = fn \frac{w_{2a}}{w'} - \dot{i}_{1/2} w'_{2a} \frac{e_{1/2}}{e_{1/2} + w'_{2a} \dot{i}_{1/2}}$$

$$M = 1 - \frac{\dot{i}_{1/2} w'}{fn} \frac{e_{1/2}}{e_{1/2} + w_{2a} \dot{i}_{1/2}}.$$

Die Absicht, in welcher die Compoundmaschinen construirt werden, ist, wie schon erwähnt, die Erzielung der Constanz einer der elektrischen Grössen, also i_a und e bei veränderlichem w_a. Hiernach wird man zwei Classen solcher Maschinen zu unterscheiden haben, je nachdem sie bestimmt sind, constante Klemmspannung oder constante äussere Stromstärke zu liefern. Erstere nennt man Gleichspannungsmaschinen, letztere Gleichstrommaschinen.

1. Gleichspannungsmaschinen.

Dass es möglich sein muss, eine constante Klemmspannung zu erzielen, ergiebt sich schon, wenn man aus den Klemmspannungen, welche von jeder der beiden Schenkelwickelungen allein hervorgerufen werden würden, graphisch das arithmetische Mittel nimmt (Fig. 73); die resultirende Curve ist alsdann in der That fast durchweg horizontal. Da freilich beide Theilcurven durch die

Tourenzahl in verschiedener Weise afficirt werden, so wird die resultirende Curve nur für eine bestimmte Tourenzahl geradlinig ausfallen. Ohne Berucksichtigung der magnetischen Sättigung findet z. B. S. P. Thompson fur die Schaltung erster Art die betreffende Tourenzahl

$$n = \frac{w_1 + w_2}{f\, p}.$$

Fig. 73.

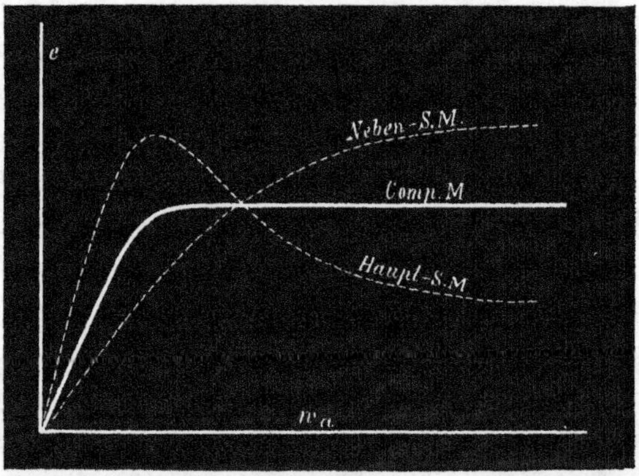

Ferner sieht man ein, dass die Nebenschlusswickelung von wesentlicherer Bedeutung ist, als die directe Wickelung, denn die Curve der Nebenschlussmaschine in obiger Figur hat an dem Zustandekommen der resultirenden geraden Linie bei weitem den grösseren Antheil. Um eine Gleichspannungsmaschine zu erhalten, muss man also von der Nebenschlussmaschine ausgehen und in den Zweig der Leitung derselben eine directe Wickelung von solcher Beschaffenheit einschalten, dass die Klemmspannung constant wird. Für eine bestimmte Maschine von Siemens und Halske erhält man auf diese Weise,

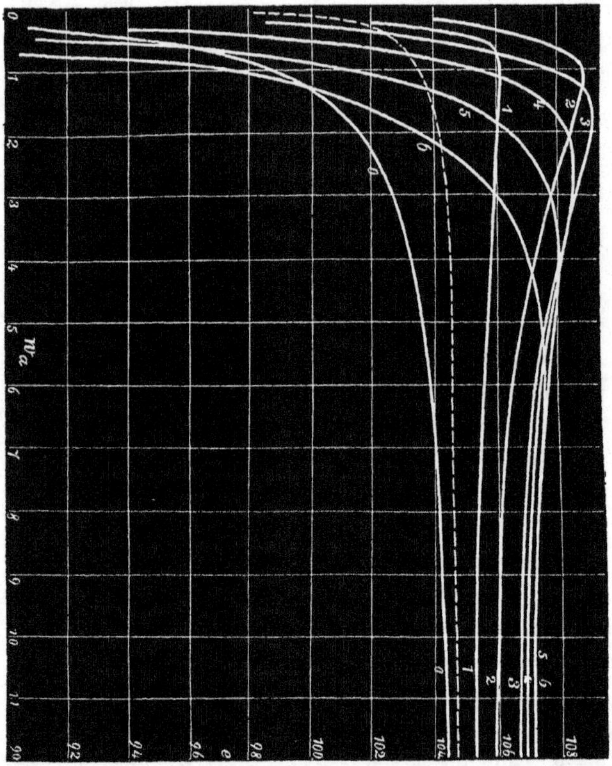

Fig. 74.

indem man durch successive Vermehrung der directen Windungszahl die Constante $p = 0{\cdot}01$, $0{\cdot}02$, $0{\cdot}03$, $0{\cdot}04$, $0{\cdot}05$, $0{\cdot}06$ macht, die in Fig. 74 vereinigten Klemmspannungscurven. Alle diese Curven lassen sich durch eine Gleichung von der Form

$$e = A \frac{w_a}{w_a + \alpha} - B \frac{w_a}{w_a + \beta}$$

Fig. 75.

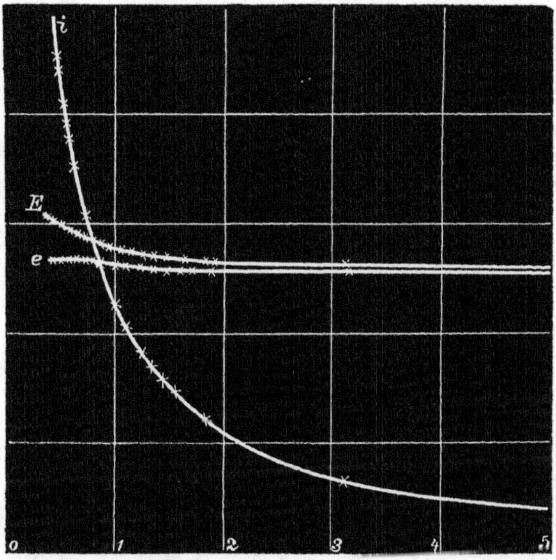

darstellen, wo β den Antheil der directen Wickelung andeutet. Für kleine Werthe von β hat dieser Ausdruck ein Maximum nur im Unendlichen, für grosse β hat er es gleich am Anfange, d. h. die Curve erreicht schnell ein Maximum und fallt dann langsam ab. In der Mitte zwischen beiden Fällen steht die der Beziehung $\beta = \alpha \frac{A}{B}$ entsprechende Uebergangscurve. Diese in der Figur gestrichelte Curve hat den geradlinigsten Verlauf, von $w_a = 3$ Ohm an ist sie so gut wie geradlinig.

Beobachtungsreihen an Gleichspannungsmaschinen liegen erst von wenigen Seiten vor; der Einfluss der Tourenzahl scheint überhaupt noch nicht experimentell untersucht worden zu sein. Es muss daher genügen, hier eine Versuchsreihe von Kittler an einer Schuckert-schen Flachringmaschine (Compoundmaschine erster Art) wiederzugeben, bei welcher die Tourenzahl constant war.

$n = 670$ $w_1 = 0{\cdot}017$ $w_2' = 11{\cdot}6$ $w_2 = 0{\cdot}0144$

w_a	i_a	i_2	E	e
0·474	232	9·77	117·4	110·0
0·512	215	9·75	116·9	110·0
0·550	200	9·73	116·5	110·0
0·595	185	9·72	116·0	110·0
0·735	150	9·70	115·2	110·3
0·776	142	9·68	114·9	110·2
0·845	130	9·63	114·1	109·8
0·987	111	9·58	113·2	109·5
1·073	102	9·57	112·9	109·5
1·203	91	9·55	112·5	109·5
1·304	84	9·54	112·3	109·5
1·404	78	9·53	112·1	109·5
1·564	70	9·53	111·9	109·5
1·766	62	9·52	111·6	109·5
3·26	33·3	9·40	109·7	108·5
5·45	19·9	9·38	109·3	108·5
7·45	14·5	9·33	108·6	108·0
11·59	9·3	9·30	108·2	107·8
∞	0	9·25	107·5	107·3

Diese Tabelle, sowie die graphische Darstellung in Fig. 75 zeigt, dass e in der That fast völlig constant ist, während E mit wachsendem äusseren Widerstand wenig

Fig. 76.

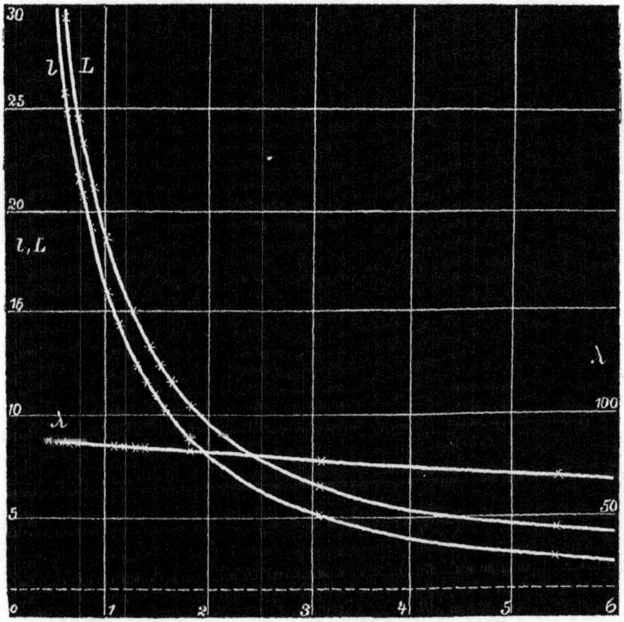

und nur anfangs abnimmt, i_a dagegen nach Art einer gleichseitigen Hyperbel stark abfällt.

Die obige Tabelle möge auch benützt werden, um die **Arbeitsverhältnisse** der Gleichspannungsmaschine darzulegen. Der totale elektrische Effect

$$L = i_1 E = (i_a + i_2) E$$

zerfallt hier in vier Glieder, namlich in den Nutzeffect $= e\, i_a$ und in die drei Effectverluste in der Armatur ($l_1 = i_1^2\, w'_1$), in der Nebenschlusswickelung der Schenkel ($l_2' = i_2^2\, w'_2$) und in der directen Schenkelwickelung ($l_2 = i_a^2\, w_2$). Fur diese Grossen findet man aus der obigen Tabelle durch Rechnung folgende Werthe; dieselben sind in Pferdekräften, der Wirkungsgrad λ in Procenten angegeben.

w_a	L	l	l_1	l'_2	l_2	λ
0·474	38·6	34·7	1·351	1·504	1·053	90
0·512	35·7	32·1	1·167	1·498	0·904	90
0·550	33·2	29·9	1·016	1·493	0·783	90
0·595	30·7	27·7	0·876	1·488	0·670	90
0·735	25·0	22·5	0·589	1·482	0·440	91
0·776	23·7	21·3	0·531	1·477	0·395	90
0·845	21·6	19·4	0·450	1·461	0·331	90
0·987	18·5	16·5	0·336	1·446	0·241	89
1·073	17·1	15·2	0·288	1·443	0·204	89
1·203	15·4	13·5	0·234	1·438	0·162	88
1·304	14·28	12·5	0·202	1·436	0·138	88
1·404	13·33	11·61	0·169	1·433	0·119	87
1·564	12·08	10·41	0·146	1·430	0·096	86
1·766	10·84	9·22	0·118	1·428	0·075	85
3·26	6·37	4·91	0·042	1·392	0·022	77
5·45	4·35	2·93	0·020	1·387	0·008	67
7·45	3·52	2·13	0·013	1·371	0·004	61
11·59	2·73	1·36	0·008	1·364	0·002	50
∞	1·35	0	0·002	1·348	0	0

Die bezüglichen Curven für L, l und λ sind in Fig. 76 dargestellt; wie man sieht, nehmen L und l hyperbolisch ab und zwar l bis auf Null, L bis zum Minimalwerthe 1·35; der elektrische Wirkungsgrad λ ist bis etwa $w_a = 1$ Ohm constant und zwar recht bedeutend und nimmt dann langsam bis Null ab.

2. Gleichstrommaschinen.

Für diese Classe von Compoundmaschinen hat wiederum S. P. Thompson eine Bestimmung der geeigneten Tourenzahl und der geeigneten Wickelungsverhältnisse abgeleitet und zwar durch Rechnung, während auf graphischem Wege Deprez zu demselben Ziele gelangt ist. Dabei ist aber wiederum von der magnetischen Sättigung gänzlich abgesehen. Berücksichtigt man diese so muss man, um sich über die Möglichkeit der Lösung des Problems klar zu werden, zwischen den beiden in Figur 39 und 40 veranschaulichten Fällen unterscheiden, je nachdem nämlich die beiden Schenkelwickelungen einander unterstützen oder einander entgegenwirken. Im ersteren Falle kann man höchstens für kleinere äussere Widerstände bis zu demjenigen, für welchen bei einer Nebenschlussmaschine i_a ein Maximum wird, einigermassen constante Stromstärke erzielen; von hier an fallen die beiden Theilcurven, also auch die resultirende Stromcurve stark ab. Die Fig. 77 giebt hievon eine ungefähre Vorstellung. Wirken dagegen die beiden Schenkelwickelungen einander entgegen, so hat man die beiden in Fig. 78 schwach gezeichneten Curven zu addiren, und die resultirende, stark gezeichnete Curve zeigt allerdings auf einer gewissen Strecke nicht mehr erhebliche Schwankungen. Dem entspricht ungefahr folgende kleine Versuchsreihe an einer Maschine von Siemens und Halske.

Fig. 77.

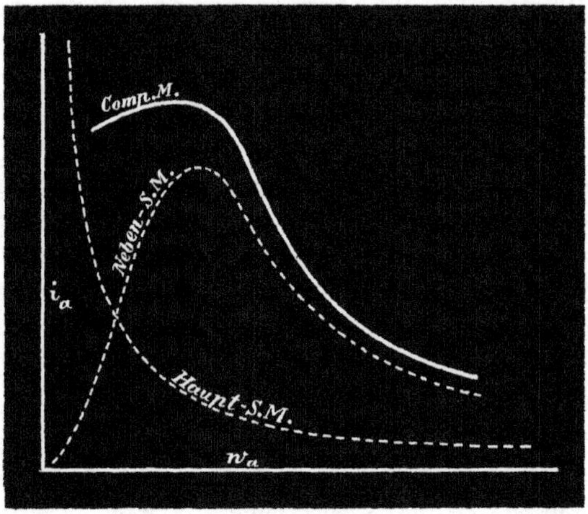

n	w_a	e	i_a
860	1·04	90	86
860	1·11	98	88
860	1·19	106	89
855	1·29	111	86
860	1·44	118	82
860	1·67	124	74

Sieht man von der letzten Zeile ab, so findet man, dass bei einer Variation des äusseren Widerstandes um 40 % die äussere Stromstärke sich nur um etwa 4 % änderte.

Fig. 78.

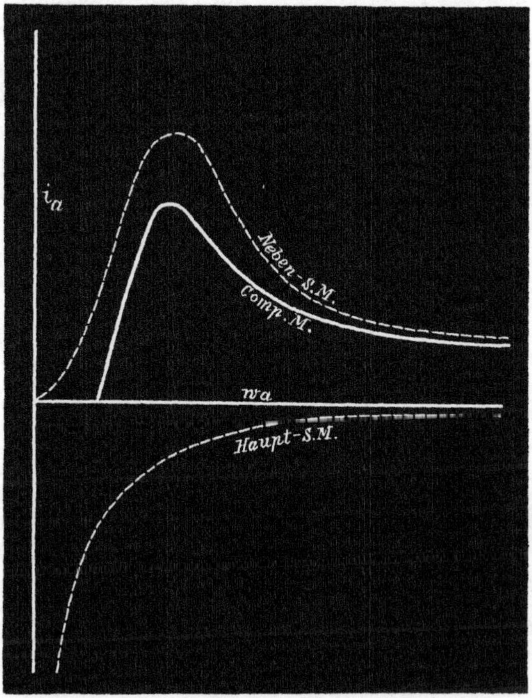

Zum Schlusse ist zu bemerken, dass ausser den hier besprochenen Classen von Compoundmaschinen noch zahlreiche andere denkbar sind. Es können z. B. permanente Magnete zu Hilfe gezogen werden, oder es kann die eine der beiden Schenkelwickelungen durch eine besondere Stromquelle gespeist werden. Noch grosser wird die Mannigfaltigkeit der Combinationen, wenn man erwägt, dass sich der Zweck der Regulirung von Klemmspannung oder Stromstarke noch auf anderem Wege, z. B. durch Einschaltung selbstthätiger Regulatoren, durch Combination mehrerer Maschinen u. s. w. erreichen lässt. Ein grosser Theil dieser Anordnungen ist von S. P. Thompson systematisch zusammengestellt worden; aber nur ausnahmsweise hat bisher eine derselben praktische Anwendung erfahren.

XI.

Specielle Probleme.

Aus den bisherigen Betrachtungen ist, um das allgemeine Bild der Wirkungsweise dynamo-elektrischer Maschinen nicht zu verwirren, eine Reihe specieller Fragen ausgeschieden worden. Dahin gehört die Frage nach den Widerstands- und Wickelungsverhältnissen der Feldmagnete und der Armatur, das Problem der besten Gestaltung der Eisenmassen und insbesondere der Polschuhe der Feldmagnete, die theoretische Ableitung der in Anbetracht aller mitwirkenden Umstande günstigsten Ankerform, die Frage, wie man aus einem Maschinenmodell ein so und so vielmal grösseres abzuleiten habe, die Theorie der Dynamomaschine als Motor, die Wirkungsgesetze der Wechselstrommaschine und vieles Andere. Es ist mit dem engen Rahmen dieses Buches unvereinbar, diesen Aufgaben auch nur einigermassen systematisch nachzugehen; es ist dies andererseits schon deshalb unmoglich, weil man die meisten derselben kaum erst in Angriff zu nehmen begonnen hat. Das Folgende ist daher als eine Reihe aphoristischer Bemerkungen anzusehen, die sich meist nur mit den Resultaten, nicht aber mit den Ableitungen der betreffenden Untersuchungen befassen.

Die Widerstands- und Wickelungsverhältnisse der Dynamomaschinen.

Da es sich hier um Fragen rein praktischer Natur handelt, so kann man von allen denjenigen theoretischen Versuchen absehen, deren Voraussetzungen mit denen der Praxis nicht wenigstens im Grossen und Ganzen ubereinstimmen. Die wichtigste Aufgabe ist die, zu ermitteln, wie man wickeln müsse, damit der Wirkungsgrad der Maschine am grössten, d. h. der Effectverlust in der Maschine am kleinsten werde. In dieser Form hat die Aufgabe naturlich unendlich viele Lösungen; denn man kann über die Wickelungsverhaltnisse sowohl der Schenkel als der Armatur, und bei beiden wieder sowohl uber den Widerstand als über den Querschnitt des Drahtes beliebig verfügen. Um also die Aufgabe bestimmter zu gestalten, muss man Einiges als gegeben annehmen. Es sei daher für's Erste gegeben:

Widerstand w_1 und Querschnitt q_1 (in □mm) des Ankerdrahtes, ausserdem aber Alles, was von den Wickelungsverhaltnissen unabhängig ist, also die Tourenzahl n, die Stromdichte (d. h. Stromstarke pro Einheit des Querschnittes) s_1 fur die Armatur und s_2 für die Schenkel, der Widerstand ϱ_2 einer Schenkelwindung von mittlerer, durch den Querschnitt des Eisenkerns bestimmter Länge a_2 und der Einheit des Querschnittes; endlich die Ankerconstante f und die Schenkelconstante, wobei über letztere jedoch Folgendes zu bemerken ist. Die Schenkelconstante kam bisher theils unter der Bezeichnung p (resp. p'), theils unter der Bezeichnung $i_{1/2}$ (resp. $e_{1/2}$) vor; betrachten wir die erstere Bezeichnung, so ist aus der Frölich'schen Gleichung fur den wirksamen Magnetismus leicht einzusehen, dass dieselbe das Product der Magnetisirungsconstante der Schenkelkerne und der Windungszahl der Schenkelwickelung ist. Von diesen beiden Factoren soll nun nur der erste, μ gegeben sein; der andere z_2 gehört ja zu den Grössen, um deren Bestimmung es sich gerade handelt.

Hauptstrommaschine. Man findet auf Grund der Frölich'schen Annahmen den Effectverlust in der Maschine

$$\frac{L-l}{L} = \frac{w_1 + w_2}{f n}\left(i + \frac{\varrho_2 s_2}{i \mu w_2}\right).$$

Soll derselbe ein Minimum sein, so muss also gewahlt werden

$$w_2 = \frac{w_1}{s_1 q_1 \sqrt{\frac{\mu w_1}{\varrho_2 s_2}}}.$$

Der günstigste Schenkelwiderstand hängt also weder von der Tourenzahl noch von der Ankerconstante ab. Wohl aber sind alle übrigen in Betracht kommenden Grössen von Einfluss, und es hängt von ihren Werthen ab, wie man das Verhaltniss $w_2 : w_1$ zu wählen habe. Wenn daher W. Thomson vorschlägt, w_2 etwas kleiner als w_1 zu nehmen, oder wenn S. P. Thompson empfiehlt, $w_2 = \frac{2}{3} w_1$ zu machen, so kann es sich hierbei nur um specielle Maschinentypen handeln. In der That haben Messungen des in Rede stehenden Verhaltnisses an verschiedenen Maschinen Werthe ergeben, welche zwischen $\frac{2}{3}$ und 2 schwanken. Zur vollstandigen Bestimmung der Schenkelwickelung sind noch die Gleichungen

$$q_2 = \frac{i}{s_2} \qquad z_2 = \frac{w_2\, q_2}{\varrho_2} = \frac{1}{\mu} \sqrt{\frac{\mu\, w_1}{\varrho_2\, s_2}}$$

hinzuzufugen. Für den Magnetismus endlich findet man

$$M = \frac{i \sqrt{\frac{\mu\, w_1}{\varrho_2\, s_2}}}{1 + i \sqrt{\frac{\mu\, w_1}{\varrho_2\, s_2}}} = \frac{w_1}{w_1 + w_2}.$$

Der Magnetismus der Maschine mit der besten Schenkelwickelung ist also gleich dem Verhältnisse der Widerstände der Armatur und der ganzen Maschine. Für $w_1 = w_2$ wird $M = \frac{1}{2}$, für $w_1 < w_2$ ist $M < \frac{1}{2}$ und umgekehrt; meistens wird M von $\frac{1}{2}$ nicht viel abweichen; für die oben erwähnten, an wirklichen Maschinen gefundenen äussersten Grenzen wird er $\frac{3}{5}$ resp. $\frac{1}{3}$.

Nebenschlussmaschine. Hier findet sich

$$\frac{L-l}{L} = \frac{w_1}{w_1 + w_{2a}} + \frac{\varrho_2 s_2}{\mu i_1} \frac{1}{fn - i_1 (w_1 + w_{2a})}.$$

Dies wird ein Minimum fur

$$w_2 = \frac{w_{2a}^2}{w_1} i_1 \sqrt{\frac{\mu w_1}{\varrho_2 s_2}},$$

worin

$$w_{2a} = \frac{fn \sqrt{\frac{\mu w_1}{\varrho_2 s_2}}}{1 + i_1 \sqrt{\frac{\mu w_1}{\varrho_2 s_2}}} - w_1$$

zu setzen ist. Während bei der Hauptschlussmaschine der aussere Widerstand w_a zugleich mit $i = q_1 s_1$ gegeben ist, ergiebt er sich hier nachträglich und zwar

$$w_a = \frac{w_{2a}}{1 - \frac{w_1}{w_{2a}} \frac{1}{i_1 \sqrt{\frac{\mu w_1}{\varrho_2 s_2}}}}.$$

Ferner wird die Zahl der Schenkelwindungen und ihr Querschnitt

$$z_2 = \frac{w_{2a} i_1}{\varrho_2 s_2} \qquad q_2 = \frac{w_1}{w_{2a} s_2 \sqrt{\frac{\mu w_1}{\varrho_2 s_2}}}.$$

Die Beziehung zwischen den drei Widerständen w_1, w_2 und w_a ist hiernach eine ziemlich verwickelte, und auch hier kann somit der schon oben mitgetheilten Formel von W. Thomson (Gl. (22), 9. Cap) nur eine specielle Bedeutung beigemessen werden. Dasselbe gilt auch von der speciellen Formel

$$w_a = \sqrt{w_1 w_2},$$

welche sich aus jener ergiebt, wenn, wie dies haufig der Fall ist, der Ankerwiderstand klein gegen den Schenkelwiderstand ist. Hiernach hatte man eine Nebenschlussmaschine dieser Art so zu bauen, dass der aussere Widerstand, fur den sie vorzugsweise bestimmt ist, das geometrische Mittel aus Anker- und Schenkelwiderstand ist. Bei einigen, darauf hin untersuchten Maschinen (Edison, Hopkinson) hat sich dies nahezu bestatigt; bei anderen Typen gilt aber die Regel auch nicht annahernd.

Fur den Wirkungsgrad ergiebt sich

$$\lambda = \frac{1}{1 + 2\frac{w_1}{w_2} + \left(2 + \frac{w_1}{w_2}\right)\sqrt{\frac{w_1}{w_2}}},$$

also in dem besonderen Falle, wo der Ankerwiderstand klein gegen den Schenkelwiderstand ist,

$$\lambda = \frac{1}{1 + 2\sqrt{\frac{w_1}{w_2}}}.$$

Damit also der Wirkungsgrad folgende, in Procenten ausgedruckte Werthe habe, muss der Schenkelwiderstand das darunterstehende Vielfache des Ankerwiderstandes sein

70%	75%	80%	85%	90%	95%	100%
22	36	64	127	324	1444	∞

Als Beispiel fur die experimentelle Prufung dieser Zahlen seien eine Edison- und eine Edison-Hopkinson-Maschine angefuhrt.

	Edison	Edison-Hopkinson
w_1	0·0361	0·026
w_2	13·82	36·5
$w_2 : w_1$	383	1403
λ	89	94

Gleichspannungsmaschine. Da dieselbe, wie wir gesehen haben, im Wesentlichen eine Nebenschlussmaschine ist, so hat man einfach in der zuletzt behandelten Art zu verfahren und alsdann die directe Schenkelwickelung so gut wie möglich den Erfordernissen anzupassen. S. P. Thompson findet hier die Formel (für die gemischte Schaltung erster Art)

$$\frac{z_2}{z_2'} = \frac{w'_1 + w'_2}{w'_1 + w'_2{}'}$$

in Worten: die Zahl der directen Schenkelwindungen muss sich zur Zahl der Nebenschlusswindungen verhalten, wie die Summe von Anker- und directem Widerstand zur Summe von Anker- und Nebenschluss-Widerstand. Eine ähnliche Formel gilt nach Thompson fur die gemischte Schaltung zweiter Art; Beispiele führt er jedoch nicht an, dagegen bemerkt Frölich, dass die Formel für die darauf hin untersuchten Maschinen von Siemens und Halske durchaus nicht zutrifft. Auch die W. Thomson'sche Formel ist, und zwar von Pierre, auf gemischte Schaltung erweitert und zur Ableitung einer grösseren Zahl einfacher Sätze benützt worden.

Gleichstrommaschine. Für diese wären nur die, mit demselben Vorbehalt wie die früheren giltigen Formeln von S. P. Thompson anzuführen, nämlich

$$\frac{z_2'}{z_2} = \frac{w'_1 + w'_2{}'}{w'_1} \qquad \text{(erste Art)}$$

$$\frac{z_2'}{z_2} = \frac{w'_2{}'}{w'_1 + w'_2} \qquad \text{(zweite Art)}$$

Ankerwickelung. In Bezug auf die Arbeitsleistung der Maschine stehen Ankerwickelung und Schenkelwickelung in einem gewissen diametralen Gegensatze zu einander. Damit namlich die Leistung eine möglichst grosse sei, muss in der Armatur die Stromdichte möglichst gross sein. Dagegen kann man hinsichtlich der Schenkelwickelung denselben Zweck erreichen, wenn man die Stromdichtigkeit verringert. Man kann dafür, indem man den zur Stromrichtung reciproken Begriff »Wickelungsraum« einführt, auch sagen, dass dieser Wickelungsraum für die Armatur möglichst klein, für die Schenkel möglichst gross sein soll. Die Erklärung liegt in dem verschiedenen Verhalten der Magneto-Induction und des Elektromagnetismus in Bezug auf den Einfluss des Abstandes der Stromwindungen.

Hat man bei gegebener Ankerwickelung die Schenkelwickelung nach den obigen Grundsätzen gewählt, also den von Frölich sogenannten Normalzustand hergestellt, so tritt die Frage auf, wie sich die verschiedenen Grössen andern, wenn man den Anker mit einem anderen Drahte bewickelt, ohne den Wickelungsraum zu andern. Frölich findet hierfür folgende Resultate: der Magnetismus, der totale und der Nutzeffect und der Wirkungsgrad sind unabhangig vom Querschnitt des Ankerdrahtes. Dagegen ist der Ankerstrom demselben direct, die elektromotorische Kraft umgekehrt proportional.

Marcel Deprez hat für die totale Leistungsfähigkeit der dynamo-elektrischen Maschine folgende Formel abgeleitet:

$$L = v^2 H^2 V k (1 - \lambda).$$

Hierin ist v die Geschwindigkeit, mit welcher sich die Armaturwindungen senkrecht zu den Kraftlinien des Feldes bewegen, H die mittlere Intensität des magnetischen Feldes, V das Kupfervolumen der Armatur, k die Leitungsfahigkeit des Kupfers. Dass hiernach die Leistungsfahigkeit mit v^2 proportional ist, hangt wieder von den speciellen Annahmen ab, die Deprez macht, und interessirt uns hier nicht weiter. Wohl aber ist hervorzuheben, erstens dass die Leistungsfähigkeit mit dem Quadrate der Intensitat des Feldes proportional ist und zweitens, dass dieselbe mit dem Kupfervolumen des Ankers proportional ist. Der gesammte Einfluss des Ankers auf die Leistung der Maschine bei einer bebestimmten Tourenzahl spricht sich also in dem Volumen seines Drahtes aus. Die Forderung ferner, dass dieses Volumen möglichst gross sein soll, ist mit der früheren, dass der Wickelungsraum moglichst klein sein soll, schwer zu vereinbaren, allgemeine Regeln lassen sich aber jedenfalls hierfür nicht angeben. Nur so viel folgt aus dem Gesagten — und das gilt auch für die Schenkelwickelung — dass die Drahtumspinnung auf einen möglichst kleinen Raum beschränkt werden muss; bei dickerem Drahte wird dies leichter zu erreichen sein, als bei dünnerem.

Schliesslich ist noch auf zwei Erscheinungen hinzuweisen, welche das Gesammtbild der Vorgänge compliciren und weitere allgemeine Erörterungen grösstentheils hinfällig erscheinen lassen würden: das ist einmal die Funkenbildung an den Bürsten, welche die Beschränkung des Ankerdrahtes als eine unabweisliche Forderung hinstellt und sodann die Erhitzung der Maschine, welche durch Kühlungsvorrichtungen für den Anker einigermassen, für die Schenkel nur sehr unvollkommen beseitigt werden kann, und welche jedenfalls in nicht unbetrachtlichem Masse mitbestimmend für die zu wählenden Drahtquerschnitte bleibt.

Wirkung der Polschuhe.

Um einen allgemeinen Ueberblick über die Wirkung von Polschuhen zu gewinnen, hat v. Waltenhofen dem Elektromagneten und den Polschuhen desselben eine möglichst einfache Form gegeben, indem er einen geradlinigen Stab mit zwei Endplatten von grosserem Durchmesser montirte. Es ergab sich, dass, wenn diese Endplatten das Gewicht des Stabes nur um 10 Proc. erhohten, das magnetische Moment um 58 Proc. stieg. Wurde nur eine Endplatte angebracht, so stellte die Formel

$$M_1 = M \left(\frac{P+p}{P}\right)^{\frac{5}{2}},$$

wo P das Gewicht des Stabes, p dasjenige des Polschuhes ist, die Messungen gut dar. Wird dagegen dasselbe Gewicht p auf zwei Polschuhe an beiden Enden vertheilt, so ist M_1 viel grösser; um wie viel diese Vertheilung günstiger wirkt, ergiebt sich aus dem Umstande, dass die gleiche Wirkung wie durch einen einseitigen Polschuh vom Gewichte p durch zwei beiderseitige Polschuhe vom Gewichte von je $\frac{p}{4}$ erzielt wird. Es ware zu wünschen, dass diese Versuche auf hufeisenförmige Magnete und auf verschieden geformte Polschuhe ausgedehnt würden.

Zahlreicher sind die Beobachtungen, welche direct an Dynamomaschinen gemacht worden sind, und die sich fast sämmtlich auf Ringmaschinen beziehen. So hat Guinand die in Fig. 79 dargestellten Formen der

Polschuhe gepruft und gefunden, dass sowohl das Abschneiden der inneren Ecken der Polschuhe (Fig. *B*) als auch die Verkürzung derselben im Ganzen (Fig. *C*) eine nicht unbeträchtliche Abnahme der elektromotorischen Kraft verursacht, im letzteren Falle bis zu 5 Proc. des Werthes.

Andererseits hat Gravier darauf aufmerksam gemacht, dass die in Fig. 26 (Cap. 3) dargestellte Asymmetrie der Anordnung der Kraftlinien im Ankerkern es unräthlich erscheinen lasse, die Polschuhe symmetrisch zu gestalten; vielmehr müsse man eine stärkere Wirkung erhalten, wenn man jeden der beiden Pole nur auf der einen Seite, und zwar beide auf entgegengesetzten Seiten schuhartig verlangert, so dass die in Fig. 80 veranschaulichte Form entsteht. Erfahrungsgemass soll sich alsdann die elektromotorische Kraft um 20 bis 25 Proc. steigern.

Auch über etwaige den Ankerring umschliessende Polverlangerungen, sowie über selbständige, in seinem Innern anzubringende wirksame Massen — Vorschläge, die schon von Gramme selbst gemacht und von Anderen vielfach praktisch ausgefuhrt worden sind — existiren Beobachtungen; ein einheitlicher Schluss lässt sich jedoch aus denselben nicht ziehen, wie es scheint, deshalb nicht, weil die erforderlichen constructiven Aenderungen die Wirkungsweise der Maschine auch noch anderweitig afficiren. Es möge daher genügen, auf die Untersuchungen von Mordey über den Einfluss der Zahl Pole, von Gravier über Schrägstellung derselben und von Dietrich über die Polschuhe der Fein'schen Maschine kurz hinzuweisen.

Fig. 79.

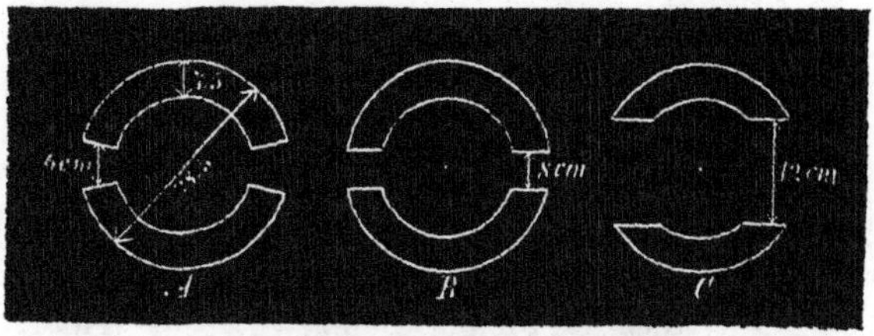

Fig. 80.

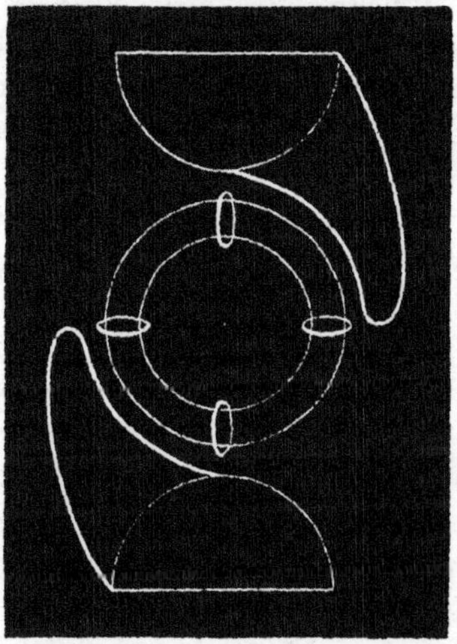

Vergrösserung eines Modells.

Wie in den verschiedensten Gebieten, so ist auch hier die Frage von der grössten praktischen Wichtigkeit, wie man aus den Verhältnissen einer vorliegenden Maschine diejenigen einer ganz ebenso construirten, aber im

k-fachen Verhaltniss der linearen Dimensionen grosseren Maschine ableiten könne. Für Dynamomaschinen haben sich mit dieser Frage insbesondere Deprez, Thompson und Frölich beschäftigt.

Zunachst sei im Anschlusse an Thompson die Ableitung der neuen Charakteristik aus der alten gegeben; dabei werde angenommen, dass die Starke des magnetischen Feldes dieselbe bleibe. Dann wird der Widerstand in Folge k-facher Länge und k^2-fachen Widerstandes der k-te Theil des früheren, der Strom also der k-fache und die elektromotorische Kraft die k^2-fache. Um also aus der alten Charakteristik Oa die neue zu finden, falle man in Fig. 81 $a\,m$, bilde $OM = k \times O\,m$ und errichte $MA = k^2 \times m\,a$, dann ist OA die neue Charakteristik.

Wichtiger ist die Betrachtung der Arbeitsleistung der grösseren Maschine im Verhältniss zu kleineren. Hier findet Thompson k^5 (ebenso wie Deprez), Frölich dagegen k^4. Der Unterschied ist darin begründet, dass Erstere i in der dritten Potenz wachsen lassen, Frölich dagegen nur in der zweiten; beides ist berechtigt, die Frölich'sche Festsetzung aber vorzuziehen, weil bei ihr die Stromdichtigkeit, also auch die Erhitzungsverhaltnisse der Maschine ungeändert bleiben. In jedem Falle erhalten wir den Satz, dass die Leistung einer Dynamomaschine bei gleichbleibender Tourenzahl und gleichmassig vergrösserten Dimensionen in stärkerem Masse wachst, als das Volumen, und damit auch als das Gewicht der Maschine. Grössere Maschinen sind also in dieser Hinsicht im Vortheil gegenüber kleineren. Der Vortheil wird nun zwar durch den Umstand verringert, dass man bei grösseren Maschinen aus mechanischen Gründen nicht eine ebenso hohe Tourenzahl anwenden kann, wie bei kleineren; das wird aber wieder ausgeglichen durch ein anderes, in entgegengesetztem Sinne wirkendes Moment. Wie namlich eine einfache Betrachtung zeigt, hangt der Arbeitsverlust in der Maschine vom Radius des Ankers ab und ist demselben umgekehrt proportional; er ist also fur grossere

Fig. 81.

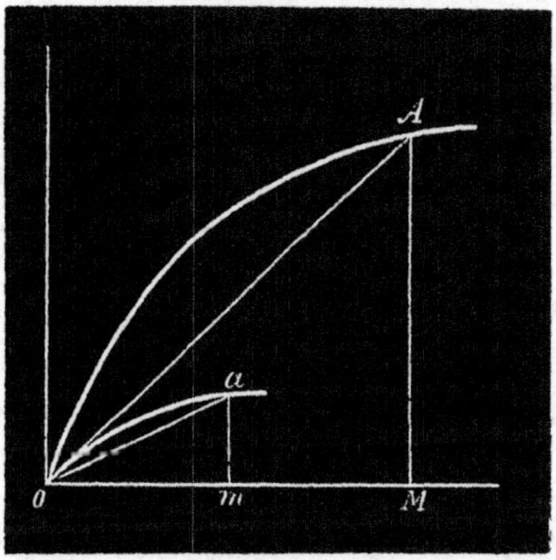

Maschinen kleiner, und folglich wird der Nutzeffect sowie der Wirkungsgrad bei grösseren Maschinen beträchtlicher.

Die dynamo-elektrische Maschine als Motor.

Die Beziehungen zwischen den verschiedenen, einer dynamo-elektrischen Maschine angehörigen Grössen sind dieselben, gleichviel ob die Maschine Bewegung in Elektricitat oder Elektricität in Bewegung verwandelt.

16*

Aber diejenigen von diesen Grossen, welche von vornherein gegeben sind, und diejenigen, um deren Bestimmung es sich handelt, sind in beiden Fallen verschiedene. Wirkt die Maschine als Stromerzeuger, so sind, wie wir gesehen haben, die Tourenzahl und eine der beiden Grössen: ausserer Widerstand und Klemmspannung gegeben, d. h. eine mechanische Grösse und eine aussere elektrische Grösse. Zu bestimmen sind alsdann die Stromstärke und die elektromotorische Kraft. Gerade umgekehrt verhält es sich bei der als Motor fungirenden Dynamomaschine. Gegeben ist hier die die Maschine speisende Stromstärke oder Klemmspannung, und ausserdem die Zugkraft; d. h. es ist gegeben eine elektrische Grösse und eine äussere mechanische Grösse. Was dort der aussere Widerstand ist, das ist hier die Zugkraft; beide bezeichnen nämlich die äusseren Bedingungen, unter welchen die Maschine Arbeit (dort elektrische, hier mechanische) leisten soll. Zu bestimmen ist hier dagegen die Tourenzahl, welche für die mechanische Arbeitsleistung die analoge Rolle spielt, wie dort Stromstarke und elektromotorische Kraft fur die elektrische Arbeit.

Die Zugkraft ist nichts anderes, als die an der Riemscheibe der Maschine auftretende Arbeit für die Längeneinheit des Scheibenumfanges. Man hat also, um die Zugkraft zu erhalten, die Arbeit, d. h. das Product der elektromotorischen Kraft in die Stromstärke durch die von der Riemscheibe in der Zeiteinheit zurückgelegte Strecke, also durch das Product des Umfanges πd in die Tourenzahl n zu dividiren. Will man die Zugkraft nicht in Volt-Ampère's, sondern in Kilogramm-Metern pro Secunde ausdrucken, so muss man mit 6·12 multipliciren. Endlich kommt wegen der Reibungs- und Inductionsverluste in der Maschine ein Factor von der Form $1 - \varrho$ hinzu. Man erhalt somit fur die Zugkraft den Ausdruck

$$Z = \frac{6{\cdot}12\,(1 - \varrho)}{\pi d} \cdot \frac{E\,i}{n},$$

wofur man mit Frolich'scher Bezeichnungsweise auch

$$Z = \frac{6{\cdot}12\,f\,(1 - \varrho)}{\pi d} \cdot i\,M$$

schreiben kann; der Factor von $i\,M$ soll kurz mit q bezeichnet werden. Benutzt man die Frölich'schen Formeln fur den Magnetismus, so erhalt man fur die Hauptschlussmaschine

$$Z = q \cdot \frac{i^2}{i + i_0},$$

d. h. die Zugkraft hangt bei der Hauptschlussmaschine nur von der Stromstärke ab. Die Art der Abhangigkeit ist in Fig. 82 dargestellt.

Fur die Nebenschlussmaschine wird

$$Z = q\,i\,\frac{e}{e + e_0},$$

also von Stromstärke und Klemmspannung abhangig. Noch complicirter wird der Ausdruck fur die Compoundmaschine; man betrachtet diese daher fur das vorliegende Problem zweckmässiger als eine modificirte Nebenschlussmaschine.

Dies vorausgeschickt, können wir an die Bestimmung der Geschwindigkeit gehen. Dabei haben wir die beiden Fälle zu unterscheiden, wo die Maschine durch eine constante Klemmspannung oder durch eine constante Stromstarke gespeist wird.

Magnetmaschine. Es findet sich fur constante Klemmspannung

Fig. 82.

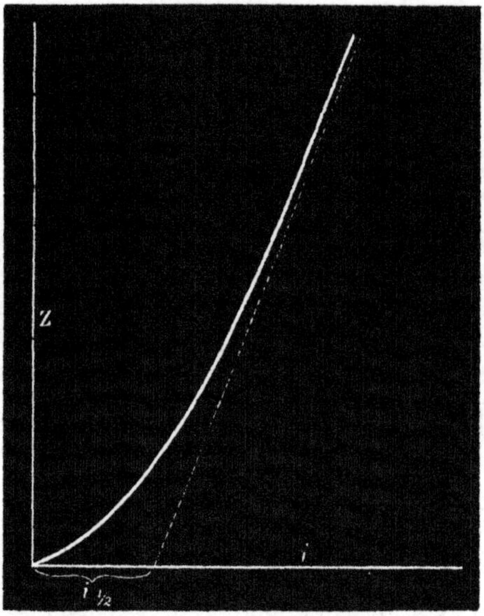

$$n = \frac{1}{f M}\left(e - \frac{w_1}{q}\frac{Z}{M}\right),$$

also eine massig abfallende gerade Linie; fur kleinen Ankerwiderstand ist die Tourenzahl fast constant fur alle möglichen Zugkräfte. Dagegen für constante Stromstärke

$$n = \frac{1}{f M}\left(e - \frac{w_1 Z}{q M}\right),$$

also formell wie vorhin, thatsachlich aber ganz anders, weil jetzt e eine Variable ist. Ist $Z < q\, i\, M$, so steigert sich die Tourenzahl unbegrenzt; ist dagegen $Z > q\, i\, M$, so kann sich der Anker gar nicht in Bewegung setzen.

Hauptschlussmaschine. Die Formel lautet in beiden Fallen

$$n = \frac{e}{2f}\left(1 + \sqrt{1 + 4\frac{q}{Z} i_{1/2}}\right) - \frac{w_1 + w_2}{f}\left[i_{1/2} + \frac{Z}{2q}\left(1 + \sqrt{1 + 4\frac{q}{Z} i_{1/2}}\right)\right]$$

Für constante Klemmspannung wird diese Formel durch die Curve in Fig. 83 dargestellt; für grössere Werthe von Z fällt dieselbe nahezu geradlinig ab. Für constante Stromstarke ist dagegen die Bedeutung der Formel complicirter und wenn $Z > \frac{q\, i^2}{i + i_{1/2}}$ ist, kann sich alsdann der Anker gar nicht in Bewegung setzen.

Nebenschlussmaschine. Für constante Klemmspannung wird

$$n = \frac{e + e_{1/2}}{f}\left(1 - 2\frac{w_1}{w_2} - w_1 \frac{Z}{q}\frac{e + e_{1/2}}{e^2}\right);$$

man erhält also eine schwach abfallende Gerade. Für constante Stromstarke thut man besser, nicht $\frac{n}{Z}$, sondern n und Z einzeln durch e auszudrücken und findet

$$Z = q\frac{i - \frac{e}{w_2}}{1 + \frac{e_{1/2}}{e}}$$

$$n = \frac{e + e_{1/2}}{f}\left(1 - \frac{w_1}{w_2} - \frac{w_1 i}{e}\right).$$

Berechnet man aus diesen beiden Gleichungen die zusammengehörigen Werthe von n und Z, so erhält man die merkwürdige Curve der Fig. 84. Wie man sieht, beginnt die Maschine erst bei einer endlichen aber kleinen Zugkraft ihre Rotation, die Tourenzahl steigt alsdann erst rasch, später langsam und dann wieder rascher, so

Fig. 83.

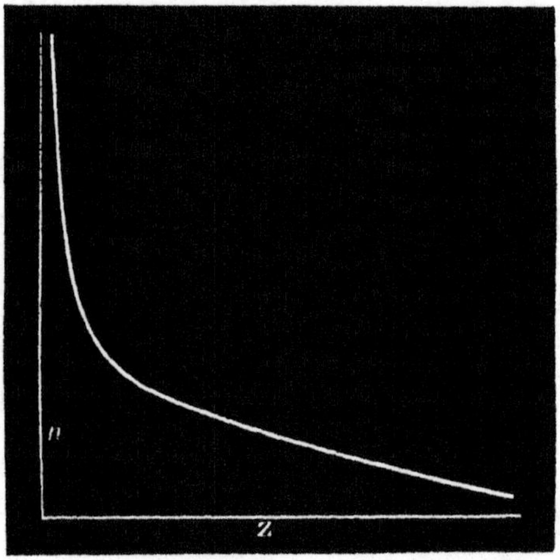

dass die Curve zuletzt senkrecht aufsteigt; nun aber biegt sie sich sogar zurück und erreicht in grosser Höhe wieder die Ordinatenachse. Die Zugkraft kann also gar nicht beliebige Werthe annehmen, sondern höchstens einen gewissen Maximalwerth annehmen; anderenfalls bleibt der Anker stehen. Für die in der Praxis vorkommenden Tourenzahlen kommt nur der untere Theil der Curve in Betracht, und aus diesem ergiebt sich der merkwürdige Satz, dass hier im Gegensatze zu allen bisherigen Fällen mit wachsender Zugkraft auch die Tourenzahl der Maschine zunimmt.

Fig. 84.

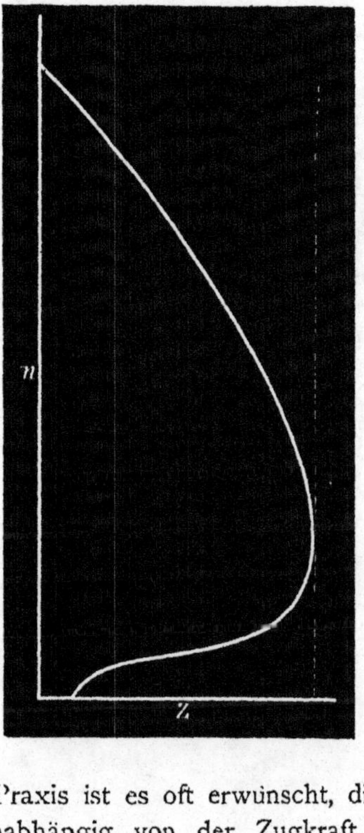

Für die Praxis ist es oft erwünscht, die Tourenzahl überhaupt unabhängig von der Zugkraft zu erhalten; mit der Lösung dieser Aufgabe haben sich Ayrton und Perry beschäftigt. Unter den verschiedenen Fällen, die sie behandeln, befindet sich auch der, bei welchem der in Rede stehende Zweck durch Anwendung einer Compoundmaschine zu erreichen gesucht wird. Da indessen hierbei von der magnetischen Sattigung abgesehen und der Magnetismus der Stromstärke einfach proportional gesetzt wird, so soll hierauf nicht naher eingegangen werden.

Dagegen ist zum Schlusse noch eine Lücke auszufullen, welche sich auf das Vorzeichen von n, d. h. auf die Drehrichtung der als Motor dienenden Dynamomaschine bezieht. Da die erregenden Ströme gewöhnlich von einer anderen Dynamomaschine herrühren, so handelt es sich hierbei um die Beziehungen zwischen den Drehrichtungen beider Maschinen. Es ist leicht einzusehen, dass diese Beziehung für die verschieden geschalteten Maschinen eine verschiedene ist. Für Hauptschlussmaschinen ist die Drehrichtung im treibenden Zustande derjenigen im getriebenen Zustande entgegengesetzt, bei Nebenschlussmaschinen ist sie dagegen in beiden Fällen die gleiche. Von der Stromrichtung aber ist die Drehrichtung bei beiden Gattungen unabhangig.

A. Hartleben's Verlag in Wien, Pest und Leipzig.

Die Motoren
der
ELEKTRISCHEN MASCHINEN
mit Bezug auf
Theorie, Construction und Betrieb.

Von

Theodor Schwartze.

Mit 133 Abbildungen

21 Bogen. Octav. Geheftet. Preis 1 fl. 65 kr. = 3 Mark
Elegant gebunden. Preis 2 fl. 20 kr = 4 Mark.

Die ökonomische und regelmässige Erzeugung von Elektricität ist unzweifelhaft einer der wichtigsten, wenn nicht der wichtigste Punkt in der gesammten Elektrotechnik. Wohl wird Elektricität auf verschiedene Weise erzeugt werden, aber unter allen hierzu nutzbaren Energie-Aeusserungen spielt die mechanische Arbeit die bedeutendste Rolle, indem sie am leichtesten beschafft, und im grösseren Massstabe zur Anwendung gebracht werden kann. Die galvanischen und thermo-elektrischen Batterien sind mit Rücksicht auf den Grossbetrieb, gegenüber den mechanisch betriebenen Elektrogeneratoren, durchaus nicht concurrenzfähig, so sehr sie auch in gewissen Fällen am Platze sein mögen. Aus diesem Grunde dürfte eine eingehende Betrachtung der für den elektrischen Betrieb geeigneten Motoren wohl von Interesse sein. Das unter dem obigen Titel erschienene Buch behandelt den Gegenstand mit einer für den Zweck vollkommen ausreichenden Ausführlichkeit. Der Betrieb mit Wind, Wasser, Dampf und Gas wird darin in theoretischer und praktischer Beziehung besprochen, und die dazu dienenden Apparate und Maschinen nach Wirkungsweise und Einrichtung behandelt. Die auf diesen Gebieten zu Tage getretenen Neuerungen sind gebührend aufgeführt, und nichts Wichtiges ist in dieser Beziehung unberücksichtigt gelassen worden. Es dürfte somit das genannte Buch wohl seinem Zwecke gerecht werden und eine gute Aufnahme finden.

A. Hartleben's Verlag in Wien, Pest und Leipzig.

Printed in Dunstable, United Kingdom

91220752R00157